职业教育计算机类专业
新 形 态 教 材

Java程序设计
项目化教程

卢长鹏　主　编

张业男　周　敏　副主编

化学工业出版社

·北 京·

内 容 简 介

本书以典型案例项目讲述面向对象程序设计的相关概念和使用方法，"开发超市购物管理系统、开发校园信息管理系统、开发薪资信息管理系统、开发文件管理程序、开发多线程程序和学生成绩管理系统设计与实现"六个项目贯穿始终。每个项目包括任务分析、任务实施、知识解析和任务拓展，内容严谨，结构合理，语言深入浅出。

通过本书的学习，学生不仅能够学习到基本的面向对象程序设计技术，而且能够掌握利用 Java 语言开发软件项目的方法。本书配套微课视频讲解，扫描二维码即可查看。本书配有电子课件。

本书可以作为高职高专院校软件技术类专业、计算机应用技术和网络技术及相关专业的教材或参考书，也适合软件开发人员及相关人员作为自学用书或培训教材。

图书在版编目（CIP）数据

Java 程序设计项目化教程/卢长鹏主编；张业男，周敏副主编. —北京：化学工业出版社，2024.3
ISBN 978-7-122-44882-8

Ⅰ.①J… Ⅱ.①卢… ②张… ③周… Ⅲ.①JAVA 语言-程序设计-教材 Ⅳ.①TP312.8

中国国家版本馆 CIP 数据核字（2024）第 015334 号

责任编辑：葛瑞祎 廉 静 文字编辑：毛亚囡
责任校对：李 爽 装帧设计：张 辉

出版发行：化学工业出版社（北京市东城区青年湖南街 13 号 邮政编码 100011）
印 装：北京科印技术咨询服务有限公司数码印刷分部
787mm×1092mm 1/16 印张 18½ 字数 462 千字 2024 年 4 月北京第 1 版第 1 次印刷

购书咨询：010-64518888 售后服务：010-64518899
网 址：http://www.cip.com.cn
凡购买本书，如有缺损质量问题，本社销售中心负责调换。

定 价：56.00 元

前言

Java 是一种可以编写跨平台应用程序的面向对象的程序设计语言，Java 技术具有卓越的通用性、高效性、平台移植性和安全性，是一门真正做到"一次编译，到处运行"的高级语言。多年来，Java 语言一直深受计算机开发者的喜爱，因此无论是学生还是行业技术人员，都熟悉 Java 语言。目前，在全球云计算、大数据、移动互联网迅猛发展的产业环境下，Java 语言更具备了显著优势和广阔前景。

本书作为高职高专计算机类专业学生的特色教材，采用结果前置、后续讲解的形式进行内容设计，先将每个项目的运行效果展示给学生，再针对项目中的知识点展开讲解，让学生在学习过程中分析问题、理解问题和解决问题，进而再去总结问题，最后掌握技能。

全书通过"开发超市购物管理系统、开发校园信息管理系统、开发薪资信息管理系统、开发文件管理程序、开发多线程程序和学生成绩管理系统设计与实现"六个项目的实现过程，将 Java 程序开发的基础知识融入工作任务中，突出了理论与实践紧密结合的特点。每个项目开始前先将最终效果展现给读者，然后再进行内容的解析和知识点的讲解，最后再结合配套视频的学习给读者耳目一新的感觉，同时也使学习者达到较好的学习效果。教材配套 PPT 课件、视频资源和源文件代码，读者可通过扫描二维码观看配套视频、下载源码文件，通过项目的笔记留白随时记录心得体会，并对所掌握的知识能够做到举一反三。

本书由黑龙江农业经济职业学院卢长鹏担任主编，黑龙江农业经济职业学院张业男、周敏担任副主编。其中项目 1 由周敏编写，项目 2 中的任务 2.1～任务 2.3 由孙守梅编写、任务 2.4～任务 2.7 由韩芝萍编写，项目 3 中的任务 3.1～任务 3.4 由赵金利编写、任务 3.5～任务 3.11 由翟秋菊编写，项目 4 由卢长鹏编写，项目 5 由张业男编写，项目 6 由黑龙江林业职业技术学院郭锋编写。全书由翟秋菊统稿。

本书凝聚了作者多年的教学和实践经验，由于水平有限，疏漏之处在所难免，欢迎广大读者提出宝贵意见。

编者

目 录

项目 1

开发超市购物管理系统

📖 **项目介绍**

　　本项目的主要内容是开发超市购物管理系统，具有登录菜单和主菜单，能实现购物结算功能、购物菜单选择功能、库存管理功能、会员注册与登录。在项目完成过程中能够掌握 Java 开发环境的搭建，熟悉 Java 的基本语法，掌握 Java 的流程控制和数组，以及字符串的常用方法。

📚 **学习目标**

【知识目标】
- 熟悉 Eclipse 开发环境。
- 掌握常量和变量的概念。
- 理解选择与循环的含义。
- 掌握数组的基本用法。
- 掌握字符串的基本用法。

【技能目标】
- 能安装 JDK 并配置环境变量，能使用 Eclipse 工具编写 Java 程序。
- 能使用常用数据类型与各类运算符。
- 能使用分支结构和循环结构语句进行流程控制。
- 能应用数组解决简单问题。
- 会使用字符串类的方法对字符串进行操作。

【思政与职业素养目标】
- 通过软件行业发展前景介绍，引发学生对未来职业的愿景。
- 通过 Java 语法规范讲解，培养学生的职业规范和道德规范。
- 通过代码编写与反复修改过程，引导学生注意细节，做事精益求精。

任务 1.1　搭建 Java 开发环境

任务 1.1-1　搭建 Java 开发环境

 **任务分析**

　　在学习使用 Java 之前，需要对 Java 有一个基本的认识，了解和熟悉 Java

的发展历史与 Java 的语言特性，理解 Java 的运行流程。开发 Java 程序，必须提供 Java 的开发环境，即要安装 JDK 和 JRE，安装好 JDK 之后还需要配置系统的环境变量，编写第一个 Java 程序测试环境安装配置是否成功。在本任务的最后完成 Java 程序的 IDE 环境——Eclipse 的安装，程序的创建及运行。

任务实施

Java 应用程序开发离不开 JDK 和 JRE，JDK 是 Java 的开发环境，JRE 是 Java 的运行环境。安装 JDK 和 JRE 并设置相应的环境变量后，才可以编译和执行 Java 程序。

（1）安装 JDK

JDK 是 Java 的开发工具包，可以从甲骨文公司（Oracle）的网站上免费下载，此处以 "jdk_8u60_windows_x64.exe" 为例讲解 JDK 的安装与配置，具体步骤如下。

① 双击安装程序，在弹出的图 1-1 所示安装界面中选择 "下一步" 按钮，进入 JDK 的自定义安装界面，如图 1-2 所示。

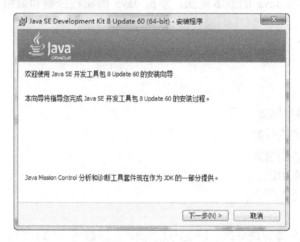

图 1-1　JDK 安装界面

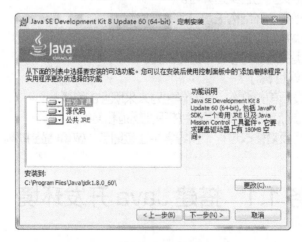

图 1-2　自定义安装功能和路径

② 在图 1-2 所示界面的左侧有三个功能模块可供选择，开发人员可以根据自己的需求来选择所要安装的模块，单击某个模块，在界面的右侧会出现对该模块的功能说明，具体如下。

a. 开发工具: JDK 中的核心功能模块，其中包含一系列可执行程序，如 javac.exe、java.exe 等，还包含了一个专用的 JRE 环境。

b. 源代码: Java 提供公共的 API 类的源代码。

c. 公共 JRE: Java 程序的运行环境。由于开发工具中已经包含了一个 JRE，因此没有必要再安装公共的 JRE，此项可以不做选择。

在图 1-2 所示的界面右侧有一个"更改"按钮，单击该按钮会弹出选择安装目录的界面，默认安装目录是"C:\Program Files\Java\jdk1.8.0_60\"。

③ 对所有安装选项做出选择后，单击图 1-2 所示界面中的"下一步"按钮开始安装，安装完毕后会进入安装完成界面，如图 1-3 所示。

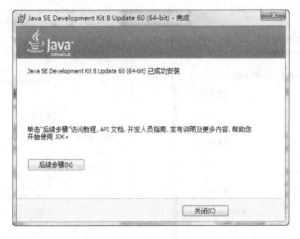

图 1-3 完成 JDK 安装

④ 单击"关闭"按钮，关闭当前窗口，完成 JDK 安装。安装成功后，文件夹 jdk1.8.0_60 相应的目录结构如图 1-4 所示，其中部分描述如下。

a. bin 文件夹: 存放 Java 开发工具的可执行命令，如 javac.exe、java.exe 等。

b. db 文件夹: 存放示例的相关数据文件。

c. include 文件夹: 存放用于本地计算机的 C 语言头文件。

d. jre 文件夹: 存放 Java 运行环境。

e. lib 文件夹: 存放 JDK 的开发类库。

f. src.zip: 存放一些与 JDK 有关的例子。

名称 ^	修改日期	类型	大小
bin	2022/3/8 15:04	文件夹	
db	2022/3/8 15:04	文件夹	
include	2022/3/8 15:04	文件夹	
jre	2022/3/8 15:04	文件夹	
lib	2022/3/8 15:04	文件夹	
COPYRIGHT	2015/8/4 11:31	文件	4 KB
javafx-src.zip	2022/3/8 15:04	WinRAR ZIP 压缩...	4,985 KB
LICENSE	2022/3/8 15:04	文件	1 KB
README.html	2022/3/8 15:04	360 se HTML Do...	1 KB
release	2022/3/8 15:04	文件	1 KB
src.zip	2015/8/4 11:31	WinRAR ZIP 压缩...	20,752 KB

图 1-4 JDK 安装后的文件结构

（2）设置环境变量

在安装完 JDK 之后不能立刻使用，还需要设置环境变量。设置环境变量的目的在于让系统自动查找所需的命令。设置环境变量涉及 Path 和 classpath 两个环境变量的设置。操作步骤如下。

① 设置 Path 环境变量

a．右键单击"计算机"，在弹出的下拉菜单中选择"属性"命令，打开"系统"对话框。

b．在打开的"系统"对话框中，选择"高级系统设置"，打开"系统属性"对话框，选择"高级"选项卡，如图 1-5 所示。

c．在"高级"选项卡中单击"环境变量"按钮，打开"环境变量"对话框，如图 1-6 所示。

图 1-5　"高级"选项卡　　　　　　　　　　图 1-6　"环境变量"对话框

d．在"环境变量"对话框中的"系统变量"区域选择"Path"的系统变量，单击"编辑"按钮，打开"编辑系统变量"对话框，如图 1-7 所示。

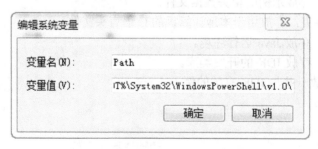

图 1-7　"编辑系统变量"对话框

e．在"变量值"文本区域开始处添加"javac"命令所在的目录"C:\Program Files\Java\jdk1.8.0_60\bin"，末尾用英文半角分号（；）结束，与后面的路径隔开。然后依次单击打开对话框的"确定"按钮，完成设置。

f．验证 Path 环境变量。在命令行窗口中执行"javac"命令，如果都能正常地显示帮助信息，说明系统 Path 环境变量设置成功，这样系统就永久性地记住了 Path 环境变量的设置，如图 1-8 所示。

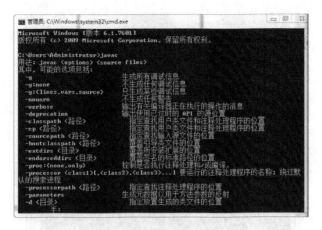

图 1-8 运行 "javac" 命令窗口

② 设置 classpath 环境变量 Java 虚拟机会根据 classpath 的设定来搜索 class 文件所在目录，但这不是必需的，设置它是为了在控制台环境中能够方便地运行 Java 程序。打开 "环境变量" 对话框（方法同上），单击 "系统变量" 选项组下的 "新建" 按钮，打开 "新建系统变量" 对话框。在 "变量名" 文本框中输入 "classpath"，在 "变量值" 文本框中输入 "C:\Program Files\Java\jdk1.8.0_60\bin"（也可以使用保存 class 文件的其他目录，例如：单独将编写好的程序文件放到 "E:\java" 目录中，可以修改 classpath 的变量值为该目录），如图 1-9 所示。

图 1-9 "新建系统变量" 对话框

（3）使用记事本编写第一个源程序

接下来编写一个测试程序，测试 Java 环境的安装和配置是否成功。以显示 "HelloWorld" 为例，演示 Java 程序的编辑、编译和执行过程。

① 在 "E:\java" 目录下新建文本文档，重命名为 "HelloWorld.java"。然后用记事本方式打开，编写一段 Java 代码并保存，代码如下。

```java
public class HelloWorld {
    public static void main(String[] args) {
        System.out.println("HelloWorld");
    }
}
```

② 编译 HelloWorld 源程序，单击 "开始" 菜单，在 "运行" 窗口中输入 "cmd"，打开 "命令行" 窗口，进入 "E:\java" 目录，然后输入 "javac HelloWorld.java" 进行编译，如图 1-10 所示。

该命令执行完毕后，会在 "E:\java" 目录下生成一个字节码文件 "HelloWorld.class"。

③ 运行 Java 程序。在命令行窗口输入 "java HelloWorld" 命令，运行编译好的字节码文件，运行结果如图 1-11 所示。

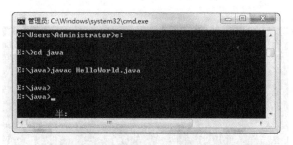

图 1-10　编译"HelloWorld.java"源程序

图 1-11　运行"HelloWorld"程序

上面的步骤演示了一个 Java 程序编写、编译和运行的过程。其中有两点需要注意：第一，在使用 javac 命令进行编译时，需要输入完整的文件名，如上例中在编译时需要输入"javac HelloWorld.java"。第二，在使用 java 命令运行程序时，需要的是类名，而非完整的文件名，如上例中在运行时需要输入"java HelloWorld"就可以了，后面千万不可以加上".class"，否则程序会报错。

（4）Eclipse 的安装

Eclipse 是目前较流行的功能强大的专门开发 Java 程序的 IDE 环境，同时 Eclipse 还是一个开放源代码的项目，有丰富的插件，任何人都可以下载 Eclipse 的源代码，并在此基础上开发自己的功能插件。配合插件还可以扩展到任何语言的开发，如 J2EE、C、C++、.Net 等的开发。

任务 1.1-2
Eclipse 的使用

需要说明，Eclipse 是一个 Java 开发的 IDE 工具，需要有 Java 运行环境的支持，前面已经安装了 JDK。

① 下载安装 Eclipse　Eclipse 可以在其官方网站上下载，它是一款绿色软件，下载后直接解压缩就可以使用，此处以安装 eclipse-SDK-4.7.3-win32-x86_64 为例，解压缩后得到的目录结构如图 1-12 所示。

图 1-12　Eclipse 解压后的
目录结构

- configuration
- dropins
- features
- p2
- plugins
- readme
- .eclipseproduct
- artifacts.xml
- eclipse.exe
- eclipse.ini
- eclipsec.exe

a. 双击 eclipse.exe 文件运行集成开发环境，打开如图 1-13 所示的对话框，单击"Browse"按钮，可以选择 Eclipse 的工作空间。在每次启动 Eclipse 时，都会打开设置工作空间的对话框。若想以后启动时不再进行工作空间的设置，可以将"Use this as the default and do not ask again"复选框选中，单击"Launch"按钮，启动 Eclipse 即可。

b. 关闭欢迎界面，进入如图 1-14 所示的主界面，其主要由菜单栏、工具栏、透视图工具栏、项目资源管理视图、编辑器和其他视图组成。视图的添加或删除可以通过"Window"菜单中的"Show View"命令进行管理。

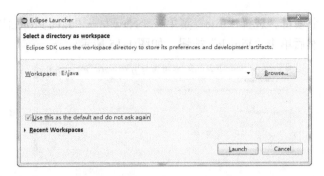

图 1-13 选择 Eclipse 的工作空间

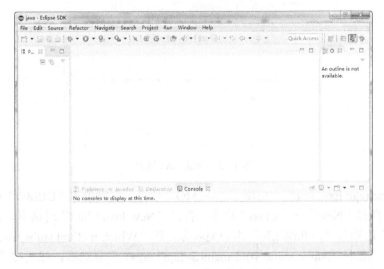

图 1-14 Eclipse 的工作主界面

② Eclipse 架构 Eclipse 平台由数种组件组成，其包括平台核心（Platform Runtime）、工作台（Workbench）、工作区（Workspace）、团队（Team）组件及说明（Help）组件。

a. 平台核心。Eclipse 平台核心是让每样东西动起来，并加载所需的外挂程序。当启动 Eclipse 时，先执行的就是这个组件，再由这个组件加载其他外挂程序。

b. 工作台。工作台 UI 插件实现了工作台 UI 并定义了一些扩展点，使得其他的插件可以添加菜单和工具栏动作、拖拽操作、对话框、向导和定制的视图、编辑器。

c. 工作区。工作区负责管理使用者的资源，这些资源会被组织成一个（或多个）项目。每个项目对应到 Eclipse 工作区目录下的一个子目录。

d. 视图。工作台会有许多不同种类的内部窗口，称为视图（View），以及一个特别的窗口——编辑器（Editor）。之所以称为视图，是因为这些窗口是以不同的视野来看整个项目，如 Outline 的视图可以看项目中 Java 类别的概略状况，而 Navigator 的视图可以导航整个项目。

e. 编辑器。编辑器是很特殊的窗口，它会出现在工作台的中央。当打开文件、程序代码或者其他资源时，Eclipse 会选择最适当的编辑器打开文件。若是纯文字文件，Eclipse 就用内建的文字编辑器打开；若是 Java 程序代码，就用 JDT 的 Java 编辑器打开；若是 Word 文件，就用 Word 打开。

③ 使用 Eclipse 工具开发 Java 项目 下面在 Eclipse 工具中，开发并运行一个 "Hello-World" 应用程序。

a．首先创建一个项目。选择"File"菜单→"New"→"Java Project"，在提示项目名称时输入"DEMO"，然后单击"Finish"按钮，如图 1-15 所示。

图 1-15　新建 Java 项目

b．在"Package Explorer"中出现了"DEMO"项目，右键单击"DEMO"项目，在弹出的快捷菜单中选择"New"→"Class"命令，打开"New Java Class"对话框。在新建类对话框中"Name"后输入"HelloWorld"作为类名称。在"Which method stubs would you like to create?"下面，选中"public static void main(String[] args)"复选框，然后按"Finish"按钮完成创建，如图 1-16 所示。

图 1-16　新建类对话框

  c. 这样将在编辑器区域出现一个包含"HelloWorld"类和空的 main()方法的 Java 文件，然后向该方法添加代码，如图 1-17 所示。

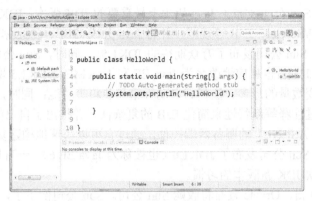

图 1-17 新建 HelloWorld 类文件

  d. 右击程序，在弹出的快捷菜单中选择"Run As"→"Java Application"命令，编译和执行 Java 应用程序，在控制台会输出执行结果"HelloWorld"，如图 1-18 所示。

图 1-18 程序运行结果

知识解析

任务 1.1-3 JAVA 概述

1.1.1 Java 的发展

  Java 起源于 20 世纪 90 年代初太阳计算机系统（中国）有限公司（Sun Microsystems，Sun）的一个叫 Green 的项目，该项目是以开发嵌入家用电器的分布式软件系统，提高电器智能化为目标的。项目采用 C++进行系统开发，在开发过程中由于 C++语言过于复杂、安全性差等出现了很多问题。项目小组则开发了一个"简单的、可靠的、紧凑的并易于移植的"小型的计算机语言，命名为 Oak 语言，Oak 是橡树的意思。因为注册的问题没有达成一致，于是在一个偶然情况下通过手中的产自爪哇岛的热咖啡联想到了印度尼西亚这个盛产咖啡的岛屿，Java 语言得名于此。

  1995 年，Sun 公司虽然推出了 Java，但这只是一种语言，如果想开发复杂的应用程序，必须要有一个强大的开发类库。因此，Sun 公司在 1996 年年初发布了 JDK1.0。这个版本包括两部分：运行环境（即 JRE）和开发环境（即 JDK）。运行环境包括核心 API、集成 API、用户界面 API、发布技术、Java 虚拟机（JVM）5 个部分，开发环境包括编译 Java 程序的编译器（即 Javac 命令）。

  接着，Sun 公司在 1997 年 2 月 18 日发布了 JDK1.1。JDK1.1 增加了 JIT（即时编译）编译器。JIT 和传统的编译器不同，传统的编译器是编译一条，运行完成后将其扔掉；而 JIT 会将经常用到的指令保存在内存中，当下次调用时就不需要重新编译了，通过这种方式让 JDK 在效率上有了较大提升。

1998 年 12 月，Sun 公司发布了 Java 历史上最重要的 JDK 版本：JDK1.2。伴随着 JDK1.2 一同发布的还有 JSP/Servlet、EJB 等规范，并将 Java 分成 J2EE、J2SE 和 J2ME 三个版本。

2004 年 10 月，Sun 公司发布了万众期待的 JDK1.5 。同时，Sun 公司将 JDK1.5 改名为 Java SE5.0，J2EE、J2ME 也相应地改名为 Java EE 和 Java ME。JDK1.5 增加了诸如泛型、增强的 for 语句、可变数量的形参、注释、自动拆箱和装箱等功能；同时，也发布了新的企业级平台规范，如通过注释等新特性来简化 EJB 的复杂性，并推出了自己的 MVC 框架规范，即 JSF，JSF 类似于 ASP.NET 的服务器端控件，通过它可以快速地构建复杂的 JSP 界面。

2006 年 12 月，Sun 公司发布了 JDK1.6（也被称为 Java EE 6）。一直以来，Sun 公司维持着大约两年发布一次 JDK 新版本的习惯。

2009 年 4 月 20 日，Oracle 宣布将收购 Sun 公司。Sun 公司倒下了，不过 Java 的大旗依然猎猎作响。2011 年 7 月 28 日，Oracle 公司发布了 Java SE 7——这次版本的升级经过了将近 5 年的时间。Java SE 7 也是 Oracle 发布的第一个 Java 版本。

2014 年 3 月 18 日，Oracle 公司发布了 Java SE 8，这次版本升级为 Java 带来了全新的 Lambda 表达式、流式编程等大量新特性，这些新特性使得 Java 变得更加强大。2017 年 9 月 22 日，Oracle 公司发布了 Java SE 9，这次版本升级强化了 Java 的模块化系统。

1.1.2　Java 语言的特性

Java 语言适用于 Internet 环境，是一种被广泛使用的网络编程语言，它具有如下一些特点。

（1）简单、面向对象（近于完全）

Java 语言为了提高效率，定义了几个基本的数据类型以非类的方式实现，余下的所有数据类型都以类的形式进行封装，程序系统的构成单位也是类，因而几乎可以认为是完全面向对象。

（2）平台无关性（可移植、跨平台）

Java 虚拟机（JVM）是在各种体系结构真实机器中用软件模拟实现的一种想象机器，必要时可以用硬件实现。当然，这些虚拟机内部实现各异，但其功能是一致的——执行统一的 Java 虚拟机指令。

Java 编译器将 Java 应用程序的源代码文件（.java）翻译成 Java 字节码文件（.class），它是由 Java 虚拟机指令构成的。由于是虚拟机器，因而 Java 虚拟机执行 Java 程序的过程一般称为解释。依赖于虚拟机技术，Java 语言具有与机器体系结构无关的特性，即 Java 程序一旦编写好之后，不需要进行修改就可以移植到任何一台体系结构不同的机器上。从操作系统的角度看，执行一次 Java 程序的过程就是执行一次 Java 虚拟机进程的过程。

（3）面向网络编程

Java 语言产生之初就面向网络，在 JDK 中包括了支持 TCP/IP、HTTP 和 FTP 等协议的类库。

（4）多线程支持

多线程是程序同时执行多个任务的一种功能。多线程机制能够使应用程序并行执行多项任务，其同步机制保证了各线程对共享数据的正确操作。

（5）良好的代码安全性

运行时（Runtime）一词强调以动态的角度看程序，研究程序运行时的动态变化，也用运行时环境一词表达类似的含义。

Java 技术的很多工作是在运行时完成的，如加强代码安全性的校验操作。一般地，Java 技术的运行环境执行如下三大任务：

① 加载代码——由类加载器执行。类加载器为程序的执行加载所需要的全部类（尽可能而未必同时）。

② 校验代码——由字节码校验器执行。Java 代码在实际运行之前要经过几次测试。字节码校验器对程序代码进行四遍校验，这可以保证代码符合 JVM 规范并且不破坏系统的完整性。例如：检查伪造指针、违反对象访问权限或试图改变对象类型的非法代码。

③ 执行代码——由运行时的解释器执行。

1.1.3　Java 的实现机制

Java 语言引入了 Java 虚拟机，具有跨平台运行的功能，能够很好地适应各种 Web 应用。同时，为了提高 Java 语言的性能和健壮性，还引入了如垃圾回收机制等新功能，通过这些改进让 Java 具有其独特的工作原理。Java 语言实现机制由以下三个主要机制组成。

（1）Java 虚拟机

Java 虚拟机（Java Virtual Machine，JVM）是在一台计算机上用软件模拟，也可以用硬件来实现的假想的计算机。它是软件模拟的计算机，可以在任何处理器上（无论是在计算机中还是在其他电子设备中）安全兼容地执行保存在 ".class" 文件中的字节码。字节码的运行要经过三个步骤：加载代码、校验代码和执行代码。Java 程序并不是在本机操作系统上直接运行，而是通过 Java 虚拟机向本机操作系统进行解释来运行。这就是说，任何安装有 Java 虚拟机的计算机系统都可以运行 Java 程序，而不论最初开发应用程序的是何种计算机系统。

首先，Java 编译器在获取 Java 应用程序的源代码后，把它编译成符合 Java 虚拟机规范的字节码 ".class" 文件（".class" 文件是 JVM 中可执行文件的格式）。Java 虚拟规范为不同的硬件平台提供了不同的编译代码规范，该规范使 Java 软件独立于平台。然后，Java 解释器负责将 Java 字节码文件解释运行，为了提高运行速度，Java 提供了另一种解释运行方法 JIT，可以一次解释完，再运行特定平台上的机器码，这样就实现了跨平台、可移植的功能。

Java 程序的下载和执行步骤如下：

① 程序经编译器得到字节代码；

② 浏览器与服务器连接，要求下载字节文件；

③ 服务器将字节代码文件传给客户机；

④ 客户机上的解释器执行字节代码文件；

⑤ 在浏览器上显示并交互。

（2）无用内存自动回收机制

在程序的执行过程中，部分内存在使用过后就处于废弃状态，如果不及时进行回收，很有可能会导致内存泄漏，进而引发系统崩溃。在 C++语言中是由程序员进行内存回收的，程序员需要在编写程序时把不再使用的对象内存释放掉，这种人为管理内存释放的方法往往由于程序员的疏忽而致使内存无法回收，同时也增加了程序员的工作量。而在 Java 运行环境中，始终存在着一个系统级的线程，对内存的使用进行跟踪，定期检测出不再使用的内存，并自动进行回收，避免了内存的泄漏，也减少了程序员的工作量。垃圾回收是一种动态存储管理技术，它自动地释放不再被程序引用的对象，按照特定的垃圾收集算法来实现资源自动回收的功能。

（3）代码安全性检查机制

安全和方便总是相对矛盾的。Java 编程语言的出现使得客户端计算机可以方便地从网络上上传或下载 Java 程序到本地计算机上运行，但是如何保证该 Java 程序不携带病毒或者没有其他危险目的呢？为了确保 Java 程序执行的安全性，Java 语言通过 Applet 程序来控制非法程序的安全性，也就是有了它才确保 Java 语言的生存。

Java 的安全性体现在多层次上：在编译层，有语法检查；在解释层，有字节码校验器、测试代码段格式、规则检查，访问权限和类型转换合法检查，操作数堆栈的上溢与下溢等；在平台层，通过配置策略，可设定资源域，而无须区分本地或远程。

任务 1.2　开发系统登录菜单和主菜单

任务分析

超市购物管理系统登录菜单包括 "1.登录系统" 和 "2.退出" 两个部分，如图 1-19 所示。系统主菜单包括 "1.会员管理""2.购物管理""3.库存管理" 和 "4.注销" 四个部分，如图 1-20 所示。根据输出格式进行输出，可以使用 "\n" 和 "\t" 进行输出控制。

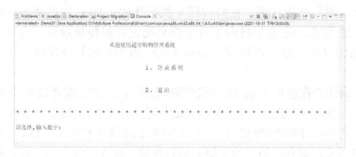

图 1-19　系统登录菜单

图 1-20　系统主菜单

任务实施

在本任务中我们通过输出语句实现登录菜单与系统主菜单的界面显示，在使用输出语句时借助转义符 "\n" 实现换行，借助 "\t" 实现利用制表符留空白的作用。

```java
package chapter01;
public class LoginMenu {
```

```
    /*
    * 显示系统登录菜单
    */
    public static void main(String[] args) {
        System.out.println("\n\n\t\t\t 欢迎使用超市购物管理系统\n\n");
        System.out.println("\t\t\t\t 1. 登 录 系 统\n\n");
        System.out.println("\t\t\t\t 2. 退 出\n\n");
        System.out.println("************************************\n");
        System.out.print("请选择,输入数字:");
    }
}


package chapter01;
public class MainMenu {
    /*
    * 显示系统主菜单
    */
    public static void main(String[] args) {
        System.out.println("\n\n\t\t\t\t 欢迎使用超市购物管理系统\n");
        System.out.println("************************************\n");
        System.out.println("\t\t\t\t 1. 会 员 管 理\n");
        System.out.println("\t\t\t\t 2. 购 物 管 理\n");
        System.out.println("\t\t\t\t 3. 库 存 管 理 \n");
        System.out.println("\t\t\t\t 4. 注 销\n");
        System.out.println("************************************\n");
        System.out.print("请选择,输入数字:");
    }
}
```

 代码说明

```
package chapter01;
```

使用 package 关键字声明包,需要注意的是,包的声明只能位于 Java 源文件的第一行。如果没有显示地声明 package 语句,创建的类则处于默认包下。

在开发时,一个项目中可能会使用多个包,当一个包中的类需要调用另一个包中的类时,就需要使用 import 关键字引入需要的类。使用 import 可以在程序中一次导入某个指定包下的类,这样就不必在每次用到该类时都书写完整类名,简化了代码量。使用 import 关键字的具体格式如下所示:

```
import 包名.类名;
```

需要注意的是,import 通常出现在 package 语句之后,类定义之前。如果有时候需要用到一个包中的许多类,则可以使用"import 包名.*;"来导入该包下的所有类。

```
public class LoginMenu {
```

定义公开的类 LoginMenu。一个 Java 源文件可以包含多个类,但是整个文件最多只有一个类为 public。类是构成 Java 程序的主体,class 是类的说明符号,且这个 public 的类的名称

必须和文件名一致。类中包含了多个实现具体操作的方法，每个应用程序中必须包含一个main()主方法，它是程序的入口点，与 C/C++是一样的。本例 main()方法中有多条"System.out.println()"输出并换行语句和"System.out.print()"输出但不需要换行语句，输出的内容都为"双引号"引起的字符串，其中字符"\t"是转义字符，表示跳到下一制表位，"\n"表示跳到下一行，其余字符按原格式输出。

知识解析

1.2.1 源文件的命名规则

任务 1.2 JAVA 命名规则及注释

如果在源程序中包含有公开类的定义，则该源文件名必须与该公共类的名称完全一致。在一个 Java 源程序中至多只能有一个公共类的定义。如果源程序中不包含公共类的定义，则该文件名可以任意取名。如果在一个源程序中有多个类定义，则在编译时将为每个类生成一个".class"文件。

包名：包名是全小写的名词，中间可以由点分隔开，例如 Java.awt.event。

类名：首字母大写，通常由多个单词合成一个类名，要求每个单词的首字母也要大写，如 class HelloWorldApp。

接口名：命名规则与类名相同，例如 interface Collection。

方法名：往往由多个单词合成，第一个单词通常为动词，首字母小写，中间的每个单词的首字母都要大写，如 balanceAccount、isButtonPressed。

特别提醒：Java 程序是大小写敏感的，String 和 string 是不同的。

1.2.2 Java 注释

注释是为程序中的语句作说明，注释内容不会执行。Java 注释分为单行注释和多行注释。

① 单行注释就是在程序中注释一行代码，在 Java 中将//放在注释内容之前就可以。

② 多行注释就是一次性地对多行代码进行注释，用/*开始，以*/结束，需注释的内容放在其中间。

什么情况下要添加程序注释呢？

① 当下次再看到这段代码时，要想找到当初编写这段代码时的思路，建议添加注释。

② 在团队协作开发过程中，一个人写的代码要想被团队中的其他人所理解，建议添加注释，以利于整个团队成员之间的沟通。

另外，在有关代码风格的问题中，最为显眼的可以说就是代码的缩进（Indent）了。缩进是通过在每一行的代码左端空出一些空格，来更加清晰地从外观上体现出程序的层次结构（每个缩进一般以 4 个空格为单位）。

任务拓展

编写程序，输出用 6 行"*"组成的一个直角三角形，运行结果如图 1-21 所示。

图 1-21 运行结果

① 代码如下。

学习笔记：

参考代码

② 对程序代码进行适当修改，可以在一条语句中连续输出，代码如下。

学习笔记：

参考代码

举一反三

使用输出语句打印菱形。（根据理解，写出案例代码）

任务 1.3 开发购物结算功能

任务分析

假设你在超市购物，购物清单如表 1-1 所示。实现购物结算功能：该用户为超市会员，可以享受 95 折优惠，请计算实际消费金额。

表 1-1 购物清单

商品名称	单价/元	个数
洗衣液	25	2
拖鞋	20	1
肥皂	3.5	1
牙膏	18	1

程序运行结果如图 1-22 所示。

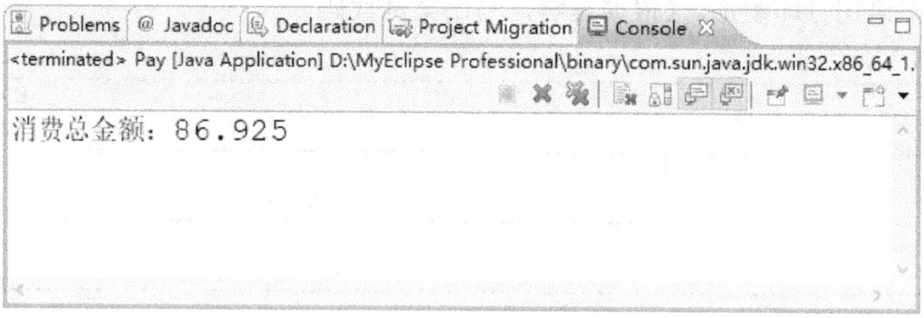

图 1-22 消费总金额

任务实施

在本任务实现过程中，首先将各类商品价格与个数通过变量进行存储，然后借助算术运算符实现实际消费金额的计算，并将计算得到的实际消费金额进行输出显示。

```java
package chapter01;
public class Pay {
    /*
    * 购物结算
    */
    public static void main(String[] args) {
        int  ldPrice=25;                    //洗衣液价格
        int shoePrice=20;                   //拖鞋价格
        double soapPrice=3.5;               //肥皂价格
        int  tpPrice=18;                    //牙膏价格
        int ldNo=2;                         //洗衣液数
```

```
        int shoeNo =1;                          //拖鞋数
        int soapNo=1;                           //肥皂数
        int tpNo=1;                             //牙膏数
        double discount=0.95;
        /*计算消费总金额*/
        double finalPay=(ldPrice * ldNo+shoePrice * shoeNo
                +soapPrice * soapNo+tpPrice*tpNo) * discount;
        System.out.println("消费总金额:"+finalPay);
    }
}
```

代码说明

```
int  ldPrice=25;
```

声明一个整型变量 ldPrice，并给该变量赋初值 25，该变量表示洗衣液的单价。

```
double soapPrice=3.5;
```

声明一个双精度类型变量 soapPrice，并给该变量赋初值 3.5，该变量表示肥皂的单价。

```
double finalPay=(ldPrice * ldNo+shoePrice * shoeNo
                + soapPrice * soapNo+tpPrice*tpNo) * discount;
```

定义一个双精度类型变量 finalPay，该变量表示要计算的消费总金额，消费总金额=各商品的消费金额之和×折扣。

```
System.out.println("消费总金额:"+finalPay);
```

输出该用户的消费情况，"+"表示连接，在输出语句中，如果存在变量和字符串的输出，可以使用加号将每一项连接在一起。

知识解析

1.3.1 标识符和关键字

（1）标识符

程序中使用的各种数据对象如符号常量、变量、方法、类等都需要一定的名称，这种名称叫作标识符（Identifier）。Java 的标识符由字母、数字、下划线(_)或美元符（$）组成，但必须以字母、下划线和美元符开始。Java 标识符是区分大小写的，但没有字符数的限制。

任务 1.3-1 标识符、常量和变量

下面是合法的标识符：

userName   User_name   _userName $userName

下面是非法的标识符：

123userName   class   Hello World

（2）关键字

关键字就是保留字，是指那些具有特殊含义和用途的、不能当作一般标识符使用的字符序列，这些特殊的字符序列由 Java 系统定义和使用，所以，程序员在代码中定义标识符时不能跟关键字重名。在 Java 语言中，常见的关键字如表 1-2 所示，大家就留个初步的印象吧。

表 1-2　Java 语言关键字

abstract	do	implements	private	throw
boolean	double	import	protected	throws
break	else	int	public	transient
byte	extends	instanceof	return	true
case	false	interface	short	try
catch	final	long	static	void
char	finally	native	super	volatile
class	float	new	switch	while
continue	for	null	synchronized	
default	if	package	this	

Java 语言中的关键字均用小写字母表示。Java 中没有 goto、const 这些关键字，但不能用 goto、const 作为变量名。

1.3.2　Java 中的常量

常量是在程序运行过程中其值始终不改变的量。例如数字 25、字符'b'、浮点数 4.7 等。在 Java 中，常量包括整型常量、浮点型常量、字符型常量、字符串常量、布尔型常量、null 常量和符号常量等。

（1）整型常量

整型常量是整数类型的数据，有二进制、八进制、十进制和十六进制 4 种表示形式。具体如下。

① 二进制：由数字 0 和 1 组成的数字序列。前面要以 0b 或 0B 开头，目的是和十进制进行区分，例如 0B1011010。

② 八进制：以 0 开头并且其后由 0～7 范围内的整数组成的数字序列，例如 065。

③ 十进制：由数字 0～9 范围内的整数组成的数字序列，例如 123。

④ 十六进制：以 0x 或者 0X 开头并且其后由 0～9、a～f 或 A～F 组成的数字序列，例如 0X65A3。

（2）浮点型常量

浮点型常量就是在数学中用到的小数，分为 float 单精度浮点型和 double 双精度浮点型两种。Java 虚拟机默认的浮点型常量是 double 双精度浮点型，例如 3.6。如果需要使用 float 单精度浮点型，在数字后必须以 f 或 F 结尾，例如 7.2f。浮点型常量还可以通过指数形式来表示，例如 1.36e+21。

（3）字符型常量

字符型常量用于表示一个字符，一个字符型常量要用一对英文半角格式的单引号''引起来，它可以是英文字母、数字、标点符号及由转义序列来表示的特殊字符，如'a' '9' '\t'。

转义字符——一种特殊的字符型常量。在字符型常量中，反斜杠（\）是一个特殊的字符，被称为转义字符，它的作用是用来转义后面的一个字符。转义后的字符通常用于表示一个不可见的字符或具有特殊含义的字符，如换行（\n）。常见的转义字符如表 1-3 所示。

表 1-3　常用的转义字符和含义

序号	转义字符	含义
1	\n	换行

续表

序号	转义字符	含义
2	\t	水平制表位
3	\r	回车
4	\f	换页
5	\'	单引号
6	\"	双引号
7	\\	反斜杠

（4）字符串常量

字符串常量用于表示一串连续的字符，一个字符串常量要用一对英文半角格式的双引号""引起来，例如："HelloWorld""123"。

（5）布尔型常量

布尔型常量即布尔型的两个值 true 和 false，该常量用于区分一个事物的真与假。

（6）null 常量

null 常量只有一个值 null，表示对象的引用为空。

（7）符号常量

符号常量就是使用标识符引用其值的常量。符号常量的定义要用关键字 final，先定义一个标识符，然后通过标识符读取其值的常量。符号常量一经定义，其值不能再被改变，每一个符号常量都有其数据类型和作用范围。按照一般的习惯，常量标识符中的英文字母使用大写字母。

定义符号常量的格式为：

```
final 数据类型符 符号常量标识符=常量值;
```

如：

```
final double PI=3.1415926;
```

这里 PI 就是符号常量。在程序中如果试图改变 PI 的值，则系统会给出错误信息。

1.3.3　Java 中的变量

（1）变量的定义

在程序运行期间，系统可以为程序分配一块内存单元，用来存储各种类型的数据。系统分配的内存单元要使用一个标记符来标识，这种内存单元中的数据是可以更改的，所以叫变量。变量是在程序运行过程中其值能够改变的量，通常用来保存计算结果或中间数据。变量是 Java 程序中的基本存储单元，它的定义包括变量名、变量类型和作用域几个部分。变量名的命名要符合标识符的命名规则。变量的定义格式如下：

```
数据类型符 变量名[=变量的值];
```

如：

```
int count;              //声明或定义一个整型变量 count
count=100;              //为变量 count 赋初值
```

（2）变量的作用域

变量的作用域是指变量的有效范围或生存周期，它决定了变量的"可见性"及"存在时间"。在 Java 里，一对花括号中间的部分就是一个代码块，代码块决定其中定义的变量的作用域。变量的有效范围或生存周期就是声明该变量时所在的代码块，也就是用一对大括号{}括起的范围。一旦程序的执行离开了定义它的代码块，变量就变得没有意义，也就不能再被使用了。

（3）变量的数据类型

Java 是一门强数据类型的编程语言，它对变量的数据类型有严格的规定，在定义变量时必须声明变量的类型，在为变量赋值时必须赋予和变量同一种类型的值，否则程序会报错。

Java 语言中数据类型有基本数据类型和引用数据类型两大类，如图 1-23 所示。

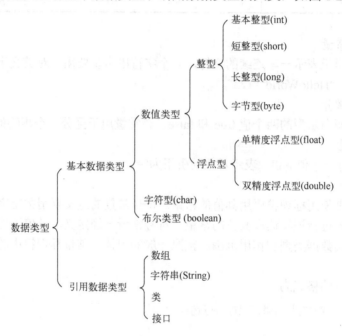

图 1-23　数据类型

① 整数类型变量　整数类型变量用来存储整数数值，即没有小数部分的值。在 Java 中，为了给不同大小范围内的整数合理地分配存储空间，整数类型分为 4 种不同的类型：字节型（byte）、短整型（short）、基本整型（int）、长整型（long）。4 种类型所占存储空间的大小以及取值范围如表 1-4 所示。

表 1-4　整数类型

类型名	占用空间	取值范围	类型名	占用空间	取值范围
byte	8 位（1 字节）	$-2^7 \sim 2^7-1$	int	32 位（4 字节）	$-2^{31} \sim 2^{31}-1$
short	16 位（2 字节）	$-2^{15} \sim 2^{15}-1$	long	64 位（8 字节）	$-2^{63} \sim 2^{63}-1$

表 1-4 列出了 4 种整数类型变量所占用的空间大小和取值范围。其中，占用空间指的是不同类型的变量分别占用的内存大小。在为一个长整型的变量赋值时需要注意一点，所赋值的后面要加上一个字母 L（或者小写 l），说明赋值为长整型。如果赋的值未超出基本整型的取值范围，可以省略。具体示例如下：

```
long num=22200200000L;        //所赋的值超出了基本整型的取值范围,必须在后面加字母 L
```

```
long num=220L;            //所赋的值没有超出基本整型的取值范围,可以在后面加字母 L
long num=222;             //所赋的值没有超出基本整型的取值范围,可以省略后面的字母 L
```

② 浮点类型变量 浮点类型变量用来存储小数数值。在 Java 中,浮点数据类型分为两种:单精度浮点型(float)和双精度浮点型(double)。double 型所表示的浮点数比 float 型更精确,两种浮点数所占存储空间的大小以及取值范围如表 1-5 所示。

表 1-5 浮点类型

类型名	占用空间	取值范围
float	32 位(4 字节)	1.4E-45～3.4E+38, -3.4E+38～-1.4E-45
double	64 位(8 字节)	4.9E-324～1.7E+308, -1.7E+308～-4.9E-324

表 1-5 列出了两种浮点类型变量所占的空间大小和取值范围,在取值范围中,E 表示以 10 为底的指数,E 后面的+号和-号代表正指数和负指数,例如 1.4E-45 表示 $1.4×10^{-45}$。

在 Java 中,一个小数会被默认为 double 类型的值,因此在为一个 float 类型的变量赋值时需要注意一点,所赋值的后面一定要加上字母 F(或者小写 f),而为 double 类型变量赋值时,可以在所赋值的后面加上字符 D(或小写 d),也可以不加。具体示例如下:

```
float f=123.4f;           //为一个 float 类型的变量赋值,后面必须加上字母 f
double d1=123.1;          //为一个 double 类型的变量赋值,后面可以省略字母 d
double d2=123.6d;         //为一个 double 类型的变量赋值,后面可以加上字母 d
```

在程序中可以为一个浮点型变量赋予一个整数数值,例如下面的写法也是可以的。

```
float f=100;              //为 float 类型的变量赋整数值
double d=100;             //为一个 double 类型的变量赋整数值
```

③ 字符类型变量 字符类型变量用于存储一个单一字符,在 Java 中用 char 表示。Java 中每个 char 型的字符变量都会占用 2 个字节。在给 char 型变量赋值时,需要用一对英文半角格式的单引号''把字符括起来,如'a'也可以将 char 型变量赋值为 0～65535 的整数,计算机会自动将这些整数转化为所对应的字符,如数值 97 对应的字符为'a'。下面的两行代码可以实现同样的效果。

```
char c='a';               //为一个 char 型变量赋值字符 a
char c=97;                //为一个 char 型变量赋值整数 97,相当于赋值字符 a
```

④ 布尔类型变量 布尔类型变量用于存储布尔值,在 Java 中用 boolean 表示。该类型的变量只有两个值,即 true 和 false。具体示例如下:

```
boolean flag=false;       //声明一个 boolean 型变量,赋初值为 false
flag=true;                //改变 flag 变量的值为 true
```

(4)变量的类型转换

在程序中,将一种数据类型的常量或变量转换到另外的一种数据类型,称为类型转换。类型转换有三种:自动类型转换(或称隐式类型转换)、强制类型转换(或称显式类型转换)、字符串类型与数值类型的转换。

不同数据类型间的优先关系:

低─────────────────────→高

byte,short,char→int→long→float→double

① 自动类型转换　自动类型转换允许在赋值和计算时由编译系统按一定的优先次序自动完成。通常，低精度类型到高精度的类型转换由系统自动转换。

将一种低级数据类型的值赋给另外一种高级数据类型变量，如果这两种类型是兼容的，Java 将执行自动类型转换。所有的数值类型，包括整型和浮点型都可以进行这样的转换。如：

```
int a=125;
long b=a;                    //变量 a 自动转换成 long 型,再赋给变量 b
```

整型、字节型、字符型数据可以混合运算。运算中，不同类型的数据先转化为同一类型，然后进行运算，转换从低级到高级，转换规则如表 1-6 所示。

表 1-6　低级到高级转换规则

操作数 1 类型	操作数 2 类型	转换后的类型
byte、short、char	int	int
byte、short、char、int	long	long
byte、short、char、int、long	float	float
byte、short、char、int、long、float	double	double

② 强制类型转换　当两种类型彼此不兼容，或者目标类型取值范围小于源类型时，自动转换无法进行，这时就需要进行强制类型转换。强制类型转换是将高精度数据类型转换到低精度数据类型，可以通过赋值语句来实现，此时强制类型转换的格式为：

目标数据类型　变量名=（目标数据类型）变量名或值

例如：

```
int i;
byte b=(byte)i;         /*把 int 型变量 i 强制转换为 byte 型,赋给 byte 型变量 b,值得注意的
                         是,变量 i 本身不会发生任何变化*/
```

③ 字符串类型与数值类型的转换　java.lang 包中的 Integer 类（Integer 类是基本数据类型 int 的包装类），调用其类方法：

```
public static int parseInt(String s)
```

可以将"数字"格式的字符串，如"123"，转换为 int 型数据。例如：

```
int i=Integer.parseInt("123");
```

同理，java.lang 包中的 Double 类（Double 类是基本数据类型 double 的包装类），调用其类方法：

```
public static double parseDouble(String s)
```

可以将"数字"格式的 String 类型数据转换成 double 类型数据。例如：

```
double d=Double.parseDouble("123.56");
```

1.3.4　运算符

对各种类型的数据进行加工的过程称为运算，表示各种不同运算的符号称为运算符。运算符用于对数据进行算术运算、赋值和比较等操作。在 Java 语言中，运算符可分为算术运算符、关系运算符、逻辑运算符、条件运算符、赋值运算符和位运算符。

任务 1.3-2　运算符和表达式

（1）算术运算符

算术运算符中最常见的就是加减乘除，被称为四则运算。Java 中的算术运算符就是用来

处理四则运算的符号，这是最简单、最常用的运算符号。表 1-7 列出了 Java 中的算术运算符及其用法。

表 1-7 算术运算符及其用法

运算符	描述	用法举例	结果
+	正号	+3	3
−	负号	b=4; −b;	−4
++	自增（前）	a=2; b=++a;	a=3; b=3
++	自增（后）	a=2; b=a++;	a=3; b=2
−−	自减（前）	a=2; b=−−a;	a=1; b=1
−−	自减（后）	a=2; b= a−−;	a=1; b=2
*	乘法	3*4	12
/	除法	5/5	1
%	取余（或模）	5%5	0
+（加法）	加法	5+5	10
−（减法）	减法	6−4	2

说明：

① 算术运算符的总体原则是先乘除、再加减，括号优先。

② 对于除法运算符 "/"，它的整数除和小数除是有区别的：整数除法会直接砍掉小数，而不是进位。如 "int x=3510; x=x/1000;" 这两句代码执行后，x 的结果是 3，而不是 3.51。

③ 与 C 语言不同，在 Java 语言中，对取余运算符%来说，其操作数可以为浮点数。如 37.2%10=7.2。

④ 自增（++）、自减（−−）运算符的种类与用法如表 1-8 所示。++x 和 x++的作用相当于 x=x+1，但++x 和 x++的不同之处在于++x 是先执行 x=x+1 再使用 x 的值；而 x++是先使用 x 的值后，再执行 x=x+1。这类运算符常用于控制循环变量。而且自增、自减运算符只能用于变量，而不能用于常量和表达式，如 8++与(a+c)++是没有意义的，也是不合法的。

表 1-8 自增、自减运算符

运算符	名称	说明
++i	前自增	i 参与相关运算之前，先加 1，后参与相关运算
i++	后自增	i 先参与其相关运算，然后再使 i 值加 1
−−i	前自减	i 参与相关运算之前，先减 1，后参与相关运算
i−−	后自减	i 先参与其相关运算，然后再使 i 值减 1

⑤ "+" 除字符串相加功能外，还能将字符串与其他的数据类型相连成一个新的字符串，条件是表达式中至少有一个字符串，如："" x "+123;" 的结果是 "x123"。

（2）关系运算符

关系运算符用于测试两个操作数之间的关系。通过两个值的比较，得到一个 boolean（逻辑）型的比较结果，其值为 "true" 或 "false"。在 Java 语言中 "true" 或 "false" 不能用 "1" 或 "0" 来表示。

Java 语言共有 6 种关系运算符，它们都是二元运算符，如表 1-9 所示。关系运算符常常用于逻辑判断，如用在 if 结构控制分支和循环结构控制循环等处。关系运算符"=="不能误写成"="，否则那就不是比较了，整个语句就变成了赋值语句。

表 1-9 关系运算符及其用法

运算符	名称	用法举例	结果
<	小于	3<2	false
>	大于	3>2	true
<=	小于等于	3<=2	false
>=	大于等于	3>=2	true
==	相等于	3==2	false
!=	不等于	3!=2	true

（3）逻辑运算符

逻辑运算符的操作数必须是 boolean 型的，运算的结果都是 boolean 型。逻辑运算符（表 1-10）包括：&、|、&&、||、!、^。其中&、|、&&、||、^为二元运算符，!为单目运算符。

表 1-10 逻辑运算符及其用法

运算符	名称	用法举例	说明
!	逻辑非	!a	a 为真时得假，a 为假时得真
&	逻辑与	a & b	a 和 b 都为真时才得真
&&	短路逻辑与	a && b	a 和 b 都为真时才得真
|	逻辑或	a | b	a 和 b 都为假时才得假
||	短路逻辑或	a || b	a 和 b 都为假时才得假
^	逻辑异或	a ^ b	a 和 b 的逻辑值不相同时得真

"&"和"&&"的区别在于，如果使用前者连接，那么无论任何情况，"&"两边的表达式都会参与计算。如果使用后者连接，当"&&"的左边为 false，直接得出运算结果为 false，不会再去计算其右边的表达式，这就是短路现象。"|"和"||"的区别与"&"和"&&"的区别一样，即如果使用前者连接，那么无论任何情况，"|"两边的表达式都会参与计算。如果使用后者连接，当"||"的左边为 true，直接得出运算结果为 true，不会再去计算其右边的表达式。

（4）条件运算符

条件运算符很独特，因为它是用三个操作数组成表达式的三元运算符。它可以替代某种类型的 if-else 语句。一般的形式为：

```
表达式 1?表达式 2:表达式 3
```

上式执行的顺序为：先求解表达式 1，若为真，取表达式 2 的值作为最终结果返回，若为假，取表达式 3 的值作为最终结果返回。

条件运算符的优先级仅高于赋值运算符。结合性为自右向左。

（5）赋值运算符

赋值运算符的作用是将常量、变量或表达式的值赋给一个变量，赋值运算符用"="表示。为了简化、精练程序，提高编译效率，可以在"="之前加上其他运算符组成复合赋值运算符。表1-11给出了赋值运算符和一些复合赋值运算符的用法。所有运算符都可以与赋值运算符组成复合赋值运算符。

使用复合赋值运算符的一般形式为：

<变量><复合赋值运算符><表达式>

其作用相当于：

<变量>=<变量><运算符><表达式>

表1-11 赋值运算符及其用法

运算符	描述	用法举例	等效的表达式
=	赋值	a=b	将b的值赋给a
+=	加等于	a += b	a = a + b
-=	减等于	a -= b	a = a - b
*=	乘等于	a *= b	a = a * b
/=	除等于	a /= b	a = a / b
%=	模等于	a %= b	a = a % b

赋值运算符是双目运算符，赋值运算符的左边必须是变量，不能是常量或表达式。赋值运算符的优先级较低，结合方向为从右到左。注意不要将赋值运算符"="与相等于运算符"=="混淆。

在Java中可以把赋值语句连在一起，如：

```
x=y=z=5;            //赋值运算符遵循从右至左的结合性,相当于x=(y=(z=5))
```

在这个语句中，所有三个变量都得到同样的值5。

（6）位运算符

任何信息在计算机中都是以二进制的形式存在的，位运算符对操作数中的每一个二进制位都进行运算。Java语言中的位运算符如表1-12所示。

表1-12 位运算符及其用法

运算符	名称	用法举例	说明
&	按位与	a & b	两个操作数对应位分别进行与运算
|	按位或	a | b	两个操作数对应位分别进行或运算
^	按位异或	a ^ b	两个操作数对应位分别进行异或运算
~	按位取反	~a	操作数各位分别进行非运算
<<	按位左移	a << b	把第一个操作数左移第二个操作数指定的位，溢出的高位丢弃，低位补0
>>	带符号按位右移	a >> b	把第一个操作数右移第二个操作数指定的位，溢出的低位丢弃，高位用原来高位的值补充
>>>	不带符号按位右移	a >>> b	把第一个操作数右移第二个操作数指定的位，溢出的低位丢弃，高位补0

（7）运算符的优先级和结合性

在Java语言中，每个运算符分属于各个优先级，同时，每个运算符具有特定的结合性。有的具有左结合性，即自左至右的结合原则；有的具有右结合性，即自右至左的结合原则。

运算符在表达式中的执行顺序为：首先遵循优先级原则，优先级高的运算符先执行。在优先级同级的运算符之间遵守结合性原则，或自左至右，或自右至左。表 1-13 给出了各种运算符的优先级，绝大部分在以上各小节已经分别介绍过。需要补充说明的是，"+"除了作为正号运算符与加法运算符之外，还可以起到字符串的连接作用。

表 1-13　Java 语言的运算符及其优先级

优先级	运算符	优先级	运算符
1	.、()、[]	8	&
2	++、--、!、instanceof	9	^
3	*、/、%	10	|
4	+、-	11	&&
5	<<、>>、>>>	12	||
6	<、<=、>、>=	13	?:
7	==、!=	14	=、*=、/=、%=、+=、-=、<<=、>>=、>>>=、&=、^=、|=

表达式是由操作数和运算符按一定的语法形式组成的符号序列，用来说明运算过程并返回运算结果。一个常量或一个变量名称是最简单的表达式，其值即该常量或变量的值；表达式可以嵌套，表达式的值还可以用作其他运算的操作数，形成更复杂的表达式。

表达式类型由运算以及参与运算的操作数类型决定，可以是简单类型，也可以是复合类型，如：

算术表达式：用算术符号和括号连接起来的符合 Java 语法规则的式子，如 1-23+x+y-30。

关系表达式：结果为数值型的变量或表达式可以通过关系运算符形成关系表达式，如 4>8、(x+y)>80。

逻辑表达式：结果为 boolean 型的变量或表达式可以通过逻辑运算符合成为逻辑表达式，如(2>8)&&(9>2)。

赋值表达式：由赋值运算符和操作数组成的符合 Java 语法规则的式子，如 a=10。

表达式的运算根据运算符的优先级和结合性进行，即按照运算符的优先顺序从高到低进行，先单目运算，而后乘除加减，然后位运算，之后比较运算，然后赋值运算。同级运算符按结合性进行。

 任务拓展

① 升级超市购物管理系统，实现打印购物小票和计算积分功能。

在超市购物结算功能的基础之上，打印购物小票，并计算该会员此次购物获得的会员积分（每消费 10 元获得 1 分）。

a. 代码如下。

学习笔记：--

参考代码　--

b．程序运行结果如图 1-24 所示。

② 升级超市购物管理系统，模拟幸运抽奖。

商场推出幸运抽奖活动，抽奖规则如下：顾客的四位会员卡号的各位数字之和大于 20，则为幸运顾客。

- 使用 Scanner 类接收用户从控制台中输入的会员卡号，并保存到会员卡号变量中。
- 结合"/"和"%"运算符分解获得各个位上的数字。
- 计算数字之和，并输出是不是幸运客户。

a．代码如下。

学习笔记：

参考代码

b．程序运行结果如图 1-25 所示。

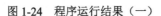

图 1-24　程序运行结果（一）

图 1-25　程序运行结果（二）

举一反三

输入矩形的长和宽，计算矩形的周长和面积。（根据理解，写出案例代码）

任务 1.4　开发购物菜单的选择功能

任务分析

升级超市购物管理系统，实现购物菜单的选择功能，超市购物管理系统各菜单级联结构如图 1-26 所示。

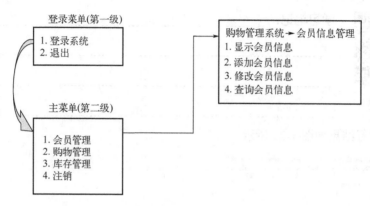

图 1-26　超市购物管理系统各菜单级联结构

程序运行结果如图 1-27 所示。

图 1-27　程序运行结果

任务实施

在本任务实施过程中，首先通过输出语句输出主菜单选项，然后接收键盘录入的数字，根据录入数字的不同，选择不同的子菜单。

```java
package chapter01;
import java.util.Scanner;
public class LoginMenu2 {
        /*
         *开发超市购物管理系统菜单的选择功能
         */
        public static void main(String[] args) {
            System.out.println("\n\t\t 欢迎使用超市购物管理系统\n");
            System.out.println("\t\t\t 1. 登 录 系 统\n");
            System.out.println("\t\t\t 2. 退 出\n");
            System.out.println("***********************\n");
            System.out.print("请选择,输入数字:");
            /* 从键盘获取信息,并执行相应操作——新加代码 */
            Scanner input=new Scanner(System.in);
            int num=input.nextInt();
            switch (num) {
              case 1:
                /* 显示系统主菜单 */
                System.out.println("\n\t\t 欢迎使用超市购物管理系统\n");
                System.out.println("***************************\n");
                System.out.println("\t\t\t 1. 会 员 管 理\n");
                System.out.println("\t\t\t 2. 购 物 管 理\n");
                System.out.println("\t\t\t 3. 库 存 管 理\n");
                System.out.println("\t\t\t 4. 注 销\n");
                System.out.println("***************************\n");
                System.out.print("请选择,输入数字:");
                break;
              case 2:
                /* 退出系统 */
                System.out.println("谢谢您的使用！");
                break;
              default:
                System.out.println("输入错误。");
                break;
            }
        }
}
```

 代码说明

```java
import java.util.Scanner;
```

导入 java.util 包下的 Scanner 类，导入后才能使用 Scanner 类。

```java
Scanner input=new Scanner(System.in);
```

声明一个名为 input 的数据输入扫描仪（Scanner）对象。new Scanner() 是给变量 input

分配空间、初始化、实例化。System.in 是参数，这里就是获取输入流的意思。

```
int num=input.nextInt();
```

执行到这一行，程序会暂停运行，等待用户在控制台输入一个整数，然后用回车键结束输入，之后将输入的值赋给 num。

```
switch (num) {  }
```

该语句为多分支选择结构语句，根据 num 的取值，执行语句中不同的分支语句，具体用法见知识解析。

知识解析

在实际生活中，经常需要做出一些判断，然后才能够决定是否做某件事情。比如开车在十字路口遇到了红绿灯，这时需要对红绿灯进行判断，如果是红灯，就停车等候，如果是绿灯，就通行。Java 语言中有一种特殊的结构叫作选择结构，它需要对一些条件做出判断，从而决定执行哪一段代码。支持选择结构的流程控制语句有 if 条件语句和 switch 条件语句。

任务 1.4-1　if 条件语句

1.4.1　if 条件语句

if 条件语句是使用最为普遍的条件语句，它分为三种语法格式，每一种格式都有其自身的特点，下面进行分别介绍。

（1）if 语句

if 语句又称为 if 单分支语句，是根据条件判断之后再做处理的一种语法结构。具体语法格式如下：

```
if(条件语句){
    代码段
}
```

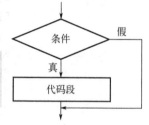

图 1-28　if 语句执行流程

在上述格式中，判断条件是一个布尔值，当判断条件为 true 时，{}中的代码段才会执行。if 语句的执行流程如图 1-28 所示。

【例 1-1】输入三个整数，按从小到大的顺序排序并输出。

```java
package chapter01;
import java.util.Scanner;
public class ThreeSort {
    /**
     * 三个数排序
     */
    public static void main(String[] args) {
        int a,b,c,temp;
        Scanner input=new Scanner(System.in);
        System.out.println("请输入三个整数 a,b,c:");
        a=input.nextInt();
        b=input.nextInt();
        c=input.nextInt();
        if(a>b)  {temp=a;  a=b; b=temp;}    //如果 a 大于 b,a、b 两数交换
        if(a>c)  {temp=a;  a=c; c=temp;}    //如果 a 大于 c,a、c 两数交换
        if(b>c)  {temp=b;  b=c; c=temp;}    //如果 b 大于 c,b、c 两数交换
```

```
        System.out.println("三个数按照从小到大的顺序排序的结果是:"+a+"\t"+b+"\t"+c);
    }
}
```

（2）if…else 语句

if…else 语句又称为 if 双分支语句，是指如果满足某种条件，就进行某种处理，否则就进行另一种处理。具体语法格式如下：

```
if(条件语句){
    代码段 1
}else{
    代码段 2
}
```

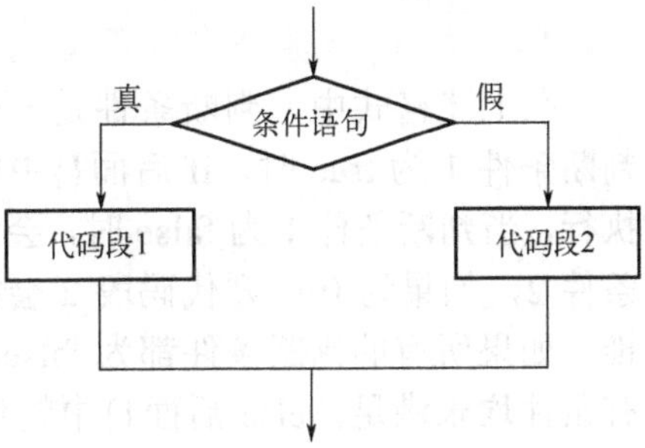

图 1-29　if…else 语句执行流程

在上述格式中，判断条件是一个布尔值，当判断条件为 true 时，if 后面{}中的代码段 1 会执行。当判断条件为 false 时，else 后面{}中的代码段 2 会执行。if…else 语句的执行流程如图 1-29 所示。

【例 1-2】输入一个整数，判断该数的奇偶性。

```
package chapter01;
import java.util.Scanner;
public class Parity {
    /**
     * 判断数的奇偶性
     */
    public static void main(String[] args) {
        int num;
        Scanner input=new Scanner(System.in);
        System.out.print("请输入一个整数:");
        num=input.nextInt();
        if(num%2==0){          //判断 num 是否能被 2 整除
            System.out.println(num+"是偶数");
        }else{
            System.out.println(num+"是奇数");
        }
    }
}
```

（3）if…else if…else 语句

if…else if…else 语句又称为 if 多分支语句，或者 if 语句的嵌套，用于对多个条件进行判断，进行多种不同的处理。具体语法格式如下：

```
if(条件语句 1){
    代码段 1
}else if(条件语句 2){
    代码段 2
}
```

```
…
else if(条件语句 n){
    代码段 n
}
else{
    代码段 n+1

}
```

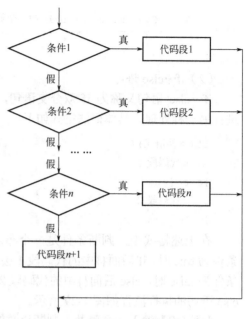

在上述格式中，判断条件是一个布尔值，当判断条件 1 为 true 时，if 后面{}中的代码段 1 会执行，当判断条件 1 为 false 时，会继续执行判断条件 2，如果为 true 则代码段 2 会执行，以此类推，如果所有的判断条件都为 false，则意味着所有条件均未满足，else 后面{}中的代码段 n+1 会执行。if…else if…else 语句的执行流程如图 1-30 所示。

【例 1-3】输入一个百分制成绩，输出对应的五级制成绩。

图 1-30   if…else if…else 语句执行流程

```java
package chapter01;
import java.util.Scanner;
public class Grade {
    /**
     * 百分制成绩转五级制成绩
     */
    public static void main(String[]args){
        int score;
        String grade;
        Scanner input=new Scanner(System.in);
        System.out.println("请输入一个百分制成绩");
        score=input.nextInt();
        if(score>=90){
            grade="优秀";                //score 大于等于 90
        }else if(score>=80){
            grade="良好";                //score 小于 90 且大于等于 80
        }else if(score>=70){
            grade="中等";                //score 小于 80 且大于等于 70
        }else if(score>=60){
            grade="及格";                //score 小于 70 且大于等于 60
        }else {
            grade="不及格";              //score 小于 60
        }
        System.out.println(score+"对应的五级制成绩是"+grade);
    }
}
```

【例1-4】 请输入一个不多于五位的整数，判断这个数是几位数，并将其逆序输出。

实现思路：使用 "/" 和 "%" 运算符将输入的整数按照五位数进行各个位的分离。使用 if 条件语句的嵌套进行判断，如果分离后的万位不为零说明这个数是五位数，否则判断千位是否为零，千位不为零说明这个数是四位数，否则判断百位是否为零，百位不为零说明这个数是三位数，否则判断十位是否为零，十位不为零说明这个数是两位数，否则这个数一定是一位数。

```java
package chapter01;
import java.util.Scanner;
public class Reverse {
    /**
     * 判断几位数并逆序输出
     */
    public static void main(String[] args) {
        // TODO Auto-generated method stub
        int num,gw,sw,bw,qw,ww,nxnum;
        Scanner input=new Scanner(System.in);
        System.out.print("请输入一个不多于五位的整数:");
        num=input.nextInt();
        gw=num%10;              //分离 num 中的个位
        sw=num/10%10;           //分离 num 中的十位
        bw=num/100%10;          //分离 num 中的百位
        qw=num/1000%10;         //分离 num 中的千位
        ww=num/10000;           //分离 num 中的万位
        if(ww!=0){              //万位不为零说明该数是五位数
            nxnum=gw*10000+sw*1000+bw*100+qw*10+ww;
            System.out.println(num+"是五位数,逆序后结果是"+nxnum);
        }else if(qw!=0){        //万位为零,千位不为零说明该数是四位数
            nxnum=gw*1000+sw*100+bw*10+qw;
            System.out.println(num+"是四位数,逆序后结果是"+nxnum);
        }else if(bw!=0){        //万、千位为零,百位不为零说明该数是三位数
            nxnum=gw*100+sw*10+bw;
            System.out.println(num+"是三位数,逆序后结果是"+nxnum);
        }else if(sw!=0){        //万、千、百位为零,十位不为零说明该数是两位数
            nxnum=gw*10+sw;
            System.out.println(num+"是两位数,逆序后结果是"+nxnum);
        }else{                  //万、千、百、十位都为零说明该数是一位数
            nxnum=gw;
            System.out.println(num+"是一位数,逆序后结果是"+nxnum);
        }
    }
}
```

1.4.2　switch 条件语句

switch 条件语句也是一种很常用的选择语句，与 if 条件语句不同，它只能针对某个表达式的值做出判断，从而决定程序执行哪一段代码。刚学过的 if…else if…else 语句也是实现多条件的判断，但是 if…else if…else

任务 1.4-2　switch 语句

语句实现起来代码过长，不便于阅读。而使用 switch 条件语句来实现多条件判断时，只需要在 switch 关键字后描述一个表达式，使用 case 关键字来描述和表达式结果比较的目标值，当表达式的值和某个目标值匹配时，会执行对应 case 下的语句。具体语法格式如下：

```
switch(表达式){
    case  常量值 1:
        代码段 1;
        break;
    case  常量值 2:
        代码段 2;
        break;
    ……
    case  常量值 n:
        代码段 n;
        break;
     [default:
        代码段 n+1;
        break;
    ]
}
```

在上述格式中，switch 条件语句将表达式的值与每一个 case 中的常量值进行匹配，如果找到了匹配的值，会执行对应 case 后的语句，如果没有找到任何匹配的值，就会执行 default 后的语句。break 表示执行完当前路径中的代码段后跳出 switch 条件语句。

需要注意的是，在 switch 条件语句中的表达式只能是 byte、short、int、char 类型，枚举类型和 String 类型（从 Java 7 才允许使用），不能是 boolean 类型。switch 条件语句的执行流程如图 1-31 所示。

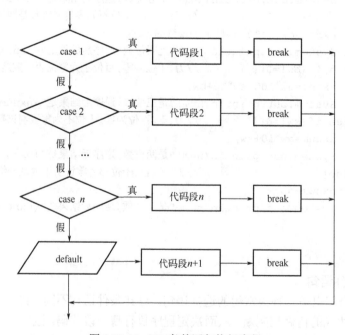

图 1-31　switch 条件语句执行流程

【例 1-5】在程序中使用数字 1～7 来表示星期一到星期日，请输入一个 1～7 的整数，并输出其对应的星期值。

```java
package chapter01;
import java.util.Scanner;
public class Week {
    /**
     * 输入数字输出其对应的中文格式的星期值
     */
    public static void main(String[] args) {
        int week;
        Scanner input=new Scanner(System.in);
        System.out.println("请输入1~7数字");
        week=input.nextInt();
        switch(week){
        case 1:
            System.out.println("星期一");
            break;
        case 2:
            System.out.println("星期二");
            break;
        case 3:
            System.out.println("星期三");
            break;
        case 4:
            System.out.println("星期四");
            break;
        case 5:
            System.out.println("星期五");
            break;
        case 6:
            System.out.println("星期六");
            break;
        case 7:
            System.out.println("星期日");
            break;
        default:
            System.out.println("您输入的数字不正确");
            break;
        }
    }
}
```

每个 case 后的代码块可以有多个语句，即可以有一组语句，而且不需要用 "{}" 括起来。case 和 default 后都有一个冒号，不能漏写；否则编译不通过。对于每个 case 的结尾，都要想一想是否需要从这里跳出整个 switch 选择结构。如果需要，一定不要忘记写 break。

在 case 后面的代码块中，break 语句是可以省略的，还可以让多个 case 执行同一语句。例如，在下面的例子中，当月份为 1、3、5、7、8、10、12 时，该月的天数都为 31 天。

【例 1-6】请输入年份和月份，并输出该月有多少天。

```java
package chapter01;
import java.util.Scanner;
public class Days {
    /**
     * 输入年月,输出该月的天数
     */
    public static void main(String[] args) {
        // TODO Auto-generated method stub
        int year,month,days;
        Scanner input=new Scanner(System.in);
        System.out.println("请输入年和月");
        year=input.nextInt();
        month=input.nextInt();
        switch(month){
        case 1:
        case 3:
        case 5:
        case 7:
        case 8:
        case 10:
        case 12:
            days=31;
            break;
        case 4:
        case 6:
        case 9:
        case 11:
            days=30;
            break;
        case 2:
            if(year%4==0 && year%100!=0 || year%400==0)
                days=29;
            else
                days=28;
            break;
        default:
            days=0;
            break;
        }
        System.out.println(year+"年"+month+"月有"+days+"天");
    }
}
```

任务拓展

① 升级超市购物管理系统幸运抽奖功能。

超市会员实行新的抽奖规则：如果会员的各位数字等于产生的随机数字，则该会员为幸运会员。需要实现如下要求；从键盘上接收会员号，使用 if…else 选择结构实现幸运抽奖。

a. 代码如下。

学习笔记：

参考代码

b. 程序运行结果如图 1-32 所示。

图 1-32　程序运行结果（一）

② 开发超市购物管理系统会员折扣功能。

会员在超市购物时，根据积分的不同享受不同的折扣，如表 1-14 所示。从键盘输入会员积分，计算该会员购物时获得的折扣。

表 1-14　会员折扣表

会员积分 x	折扣	会员积分 x	折扣
$x<1000$	九五折	$2000\leqslant x<4000$	八五折
$1000\leqslant x<2000$	九折	$x\geqslant 4000$	八折

a. 代码如下。

学习笔记：

参考代码

b. 程序运行结果如图 1-33 所示。

图 1-33　程序运行结果（二）

举一反三

输入三角形的三条边，判断是否能构成三角形，如果能，求该三角形的面积。（根据理解，写出案例代码）

提示：面积计算公式为 $s=(a+b+c)/2$，$area=\sqrt{s(s-a)(s-b)(s-c)}$。

任务 1.5　升级购物结算功能

任务分析

升级购物结算功能，程序运行结果如图 1-34 所示。

① 循环输入商品编号和购买数量，系统自动计算每种商品的价钱（单价×购买数量），并累加到总金额。

② 当用户输入"n"时，表示需要结账，则退出循环开始结账。

③ 结账时，根据折扣（假设享受九五折优惠）计算应付金额，输入实付金额，计算找零。

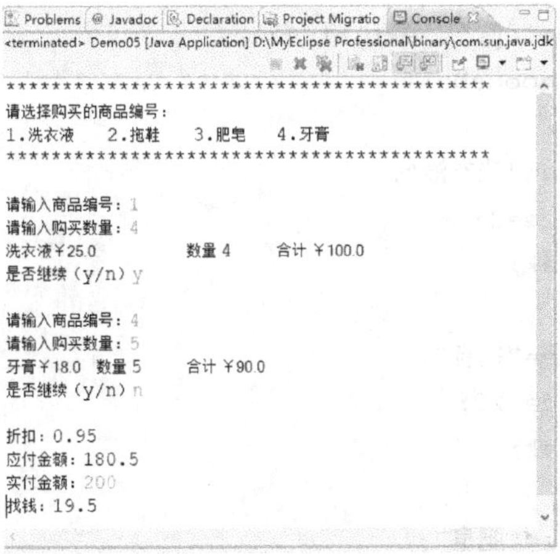

图 1-34 程序运行结果

任务实施

在本任务实施过程中，首先通过循环的方式实现多种商品的购买及各种商品消费金额的累加计算，在循环体中利用变量接收键盘录入的商品编号，根据编号确定商品名称、价格，再通过变量接收键盘录入的商品数量，输出商品名称、价格、数量及当前商品的消费金额，然后将当前商品消费金额累加到总的消费金额变量中，最后实现实际金额的支付过程。

```java
package chapter01;
import java.util.Scanner;
public class Pay3 {
    /**
     *升级购物结算
     */
    public static void main(String[] args) {
        String name="";            //商品名称
        double price=0.0;          //商品价格
        int goodsNo=0;             //商品编号
        int amount=0;              //购买数量
        double discount=0.95;      //折扣比例
        double total=0.0;          //商品总价
        double payment=0.0;        //实付金额
        //商品清单
        System.out.println("*****************************************");
        System.out.println("请选择购买的商品编号:");
        System.out.println("1.洗衣液    2.拖鞋     3.肥皂    4.牙膏");
        System.out.println("*****************************************");
        Scanner input=new Scanner(System.in);
        String answer="y";  //标识是否继续
        while("y".equals(answer)){
            System.out.print("\n请输入商品编号:");
```

```
            goodsNo=input.nextInt();
            switch(goodsNo){
            case 1:
                name="洗衣液";
                price=25;
                break;
            case 2:
                name="拖鞋";
                price=20;
                break;
            case 3:
                name="肥皂";
                price=3.5;
                break;
            case 4:
                name="牙膏";
                price=18;
                break;
            }
            System.out.print("请输入购买数量:");
            amount=input.nextInt();
            System.out.println(name+ "￥"+price +"\t 数量 "+amount
                    + "\t 合计 ￥"+price*amount);
            total += price*amount;
            System.out.print("是否继续(y/n)");
            answer=input.next();
        }
        System.out.println("\n 折扣:"+discount);
        System.out.println("应付金额:" +total*discount);
        System.out.print("实付金额:");
        payment=input.nextDouble();
        while(payment - total*discount < 0){
            System.out.print("您输入的金额小于应付金额,请重新输入:");
            payment=input.nextDouble();
        }
        System.out.println("找钱:"+(payment - total*discount));
    }
}
```

代码说明

```
while("y".equals(answer)){
```

String 类中重写了 equals()方法,用于比较两个字符串的内容是否相等。此处的含义表示变量 answer 的值是否等于"y",如果等于,则进入 while 循环,否则退出循环。

```
total += price*amount;
```

商品总价 total 在原来的基础上累加当前商品的价格数量积。

```
while(payment - total*discount < 0){
    System.out.print("您输入的金额小于应付金额,请重新输入:");
        payment=input.nextDouble();
    }
```

判断输入的实付金额减去应付金额是否小于零，也就是说如果实付金额小于应付金额则循环输入实付金额，一直到输入的实付金额大于应付金额退出当前循环。

📚 知识解析

在实际生活中经常会将同一件事情重复做很多次。比如在听歌曲时，遇到好听的歌曲会一直重复听这首歌，编写程序时，会一直重复敲击键盘的动作等。在 Java 中有一种特殊的语句叫作循环语句，它可以实现将一段代码重复执行，例如循环打印 100 次"好好学习，天天向上"。循环语句分为 while 循环语句、do…while 循环语句和 for 循环语句三种。

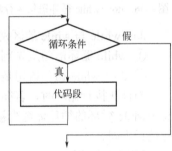

任务 1.5-1 循环语句

1.5.1 while 循环

while 循环语句会反复地进行条件判断，只要条件成立，{}内的代码段就会执行，直到条件不成立，while 循环结束。while 循环语句的语法格式如下：

```
while(循环条件){
        代码段
    }
```

其中条件表达式就是循环的条件，该条件表达式的运算结果必须是布尔值，不能为算术值。while 循环语句的执行流程如图 1-35 所示。

几点关于 while 循环语句的说明：

① while 循环语句执行时，首先判断循环的条件是否满足，只要循环的条件满足，则执行{}内的代码段，也称其为循环体，再去判断循环的条件是否满足……以此类推，直到条件不满足，结束整个循环的执行。

② 当首次执行 while 循环时，循环的条件就不满足，则循环体一次也不被执行。

③ 使用 while 循环时，一定要保证循环条件有变为 false 的情况；否则，这个循环将成为一个死循环，永远无法结束这个循环。

图 1-35 while 循环语句执行流程

【例 1-7】使用 while 语句求 1+2+3+…+100 的和。

```
package chapter01;
public class Sum {
    /**
     * 求1~100累加和
     */
    public static void main(String[] args) {
        int i=1,sum=0;
        while(i<=100){
```

```
            sum+=i;
            i++;
        }
        System.out.println("1+2+3+…+100 的和为"+sum);
    }
}
```

1.5.2　do…while 循环

do…while 循环语句与 while 循环语句非常相似，不同的是，do…while 循环语句首先执行循环体，然后判断循环条件，若结果为 true，则继续执行循环内的语句，直到条件表达式的结果为 false。也就是说，无论条件表达式的值是否为 true，都会先执行一次循环体。do…while 循环语句的语法格式如下：

```
do{
    代码段
}while(循环条件);
```

其中条件表达式就是循环的条件，该条件表达式的运算结果必须是布尔值，不能为算术

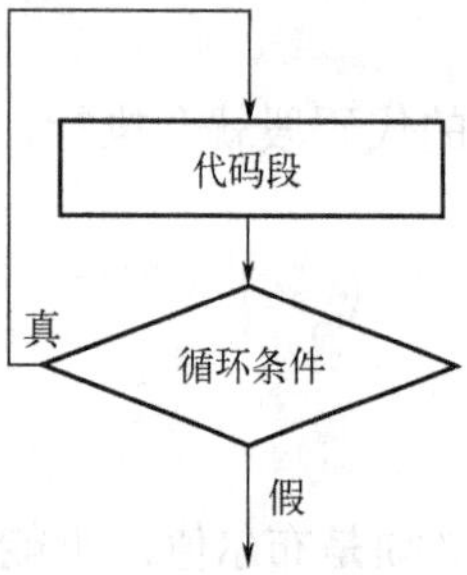

图 1-36　do…while 循环语句执行流程

值。do…while 循环语句的执行流程如图 1-36 所示。

关于 do…while 循环语句的说明：

① do…while 循环语句执行时，首先执行循环体和循环变量控制，再判断循环的条件是否满足，若循环条件满足，则执行循环体和循环变量控制……以此类推，直到条件不满足，结束整个循环的执行。此循环确保循环体至少执行一次。

② 注意 do…while 循环语句的书写格式，在最后以分号结束。

do…while 与 while 的区别：

① while 循环语句是先判断循环条件是否满足，再决定是否执行循环体。

② do…while 循环语句是先执行循环体，再去判断循环条件是否满足。

当首次执行循环时，若循环条件就不满足，则 while 循环的循环体一次都不被执行，而 do…while 循环的循环体至少被执行了一次，导致完成同样功能的程序使用不同循环语句，运行结果不同。

【例 1-8】使用 do…while 循环语句求 1+2+3+…+100 的和。

```
package chapter01;
public class Sum2 {
    /**
     * 使用 do…while 求 1~100 累加和
     */
    public static void main(String[] args) {
        int i=1,sum=0;
        do{
            sum+=i;
            i++;
```

```
        }while(i<=100);
        System.out.println("1+2+3+…+100 的和为"+sum);
    }
}
```

【例 1-9】一球从 100m 高度自由落下，每次落地后反跳回原高度的一半再落下，求第 10 次落地时，反弹的高度是多少？共经历的距离是多少？

```
package chapter01;
public class BallDrop {
    /**
     *小球自由落下后反弹的高度
     */
    public static void main(String[] args) {
        int n=2;
        double sn=100,hn=50;
        do{
            sn=sn+2*hn;            //第 n 次落地经过的米数
            hn=hn/2;               //第 n 次反弹的高度
            n++;
        }while(n<=10);
        System.out.println("第 10 次落地时,反弹的高度是"+hn);
        System.out.println("共经历的距离是"+sn);
    }
}
```

1.5.3 for 循环

for 循环语句是最常用的循环语句，一般用在循环次数已知的情况下。for 循环语句的语法格式如下：

```
for(表达式 1;表达式 2;表达式 3) {
    代码段
}
```

其中表达式 2 的运算结果必须是布尔值，不能为算术值。for 循环语句的执行流程如图 1-37 所示。

几点关于 for 循环语句的说明：

① for 循环语句执行时，首先执行表达式 1（即初始化操作），然后判断表达式 2 是否为真（即循环条件），如果为真，则执行循环体中的语句，最后执行表达式 3（即循环增量），这样完成一次循环后，重新判断循环的条件，直到循环的条件不满足，则结束整个循环。

② 表达式 1、表达式 2 和表达式 3 都可以为空语句（但分号不能省），三者都为空的时候，相当于一个无限循环。

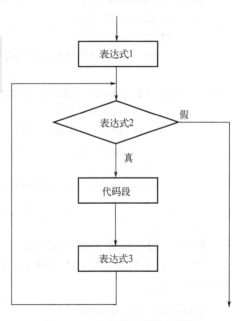

图 1-37 for 循环语句执行流程

③ 初始化和循环增量部分可以使用逗号语句，来进行多个操作。逗号语句是用逗号分隔的语句序列。

```
for(i=0,j=10;i<j;i++,j--){
……
}
```

④ 如果循环变量在 for 中定义，变量的作用范围仅限于循环体内。

【例 1-10】使用 for 循环语句求 1+2+3+…+100 的和。

```
package chapter01;
public class Sum3 {
    /**
     * 使用 for 循环语句求 100 以内累加和
     */
    public static void main(String[] args) {
        int i,sum=0;
        for(i=1;i<=100;i++){
            sum+=i;
        }
        System.out.println("1+2+…+99+100="+sum);
    }
}
```

【例 1-11】计算 100 以内的奇数之和。

提示：该程序 for 循环语句中的表达式 3 是 i+=2，表示该循环的步长为 2，也就是说循环变量 i 每次循环结束后都增加 2。

```
package chapter01;
public class OddSum {
    /**
     * 使用 for 循环语句求 100 以内奇数累加和
     */
    public static void main(String[] args) {
        int i,sum=0;
        for(i=1;i<=100;i+=2){
            sum+=i;
        }
        System.out.println("1+3+…+97+99="+sum);
    }
}
```

【例 1-12】输出所有的水仙花数。

提示：水仙花数是指一个三位数，它的每个位上的数字的 3 次幂之和等于它本身。例如：$1^3+5^3+3^3=153$。

```
package chapter01;
public class Narcissus {
    /**
```

```
    *输出所有的水仙花数
    */
   public static void main(String[] args) {
       int g,s,b,i;
       for(i=100;i<1000;i++){        //循环变量 i 从 100 循环到 999,遍历所有的三位数
           g=i%10;                    //分离出变量 i 的个位
           s=i/10%10;                 //分离出变量 i 的十位
           b=i/100;                   //分离出变量 i 的百位
           if(g*g*g+s*s*s+b*b*b==i){ //判断是否符合水仙花数的条件
               System.out.print(i+"\t");
           }
       }
   }
}
```

1.5.4 break 和 continue

break 和 continue 是程序设计过程中常用的跳转语句。跳转语句的功能是改变程序的执行流程，break 语句一般使用在循环结构或 switch 条件语句中，而 continue 语句只能用在循环结构的循环体中。下面介绍这两个语句。

任务 1.5-2　跳转语句、循环嵌套

（1）break

在有些时候，需要在某种条件出现时强行终止循环，而不是等到循环条件为 false 时才退出循环。此时，可以使用 break 来完成这个功能。break 用于完全结束一个循环，跳出循环体。

break 用于 switch 分支结构和循环结构中，控制程序执行流程的转移，可有下列两种情况：

① break 语句用在 switch 语句中，其作用是强制退出 switch 结构，执行 switch 结构后面的语句。

② break 语句用在单层循环结构的循环体中，其作用是强制退出循环结构。若程序中有内外两重循环，而 break 语句写在内循环中，则只能退出内循环，进入外层循环的下一次循环，而不能退出外循环。要想退出外循环，可使用带标号的 break 语句。

【例 1-13】输入一个数，判断该数是不是素数。

所谓素数是指除了 1 和它本身以外，不能被任何整数整除的数，例如 17 就是素数，因为它不能被 2～16 的任一整数整除。

思路：因此判断一个整数 m 是不是素数，只需把 m 被 $2\sim m-1$ 之间的每一个整数去除，如果都不能被整除，那么 m 就是一个素数。

```
package chapter01;
import java.util.Scanner;
public class PrimeNum {
   /**
    * 判断素数
    */
   public static void main(String[] args) {
       int i,num;
       int tmp=0;
       Scanner input=new Scanner(System.in);
```

```
        System.out.print("请输入一个整数:");
        num=input.nextInt();
        for(i=2;i<num;i++){
            if(num%i==0){
                tmp=1;
                break;
            }
        }
        if(tmp==0){
            System.out.println(num+"是素数");
        }else{
            System.out.println(num+"不是素数");
        }
    }
}
```

（2）continue

continue 的功能和 break 有点类似，区别是 continue 只是终止本次循环，接着开始下一次循环，而 break 则是完全终止循环本身，可以理解为 continue 的作用是跳过本次循环，重新开始下一次新的循环。continue 语句只能用于循环结构中。

【例 1-14】使用 continue 计算 100 以内的奇数之和。

```
package chapter01;
public class OddSum2 {
    /**
     * 使用 continue 语句求 100 以内奇数累加和
     */
    public static void main(String[] args) {
        int i,sum=0;
        for(i=1;i<=100;i++){
            if(i%2==0){
                continue;
            }
            sum+=i;
        }
        System.out.println("1+3+…+97+99="+sum);
    }
}
```

1.5.5　循环嵌套

循环嵌套是指在一个循环语句的循环体中再定义一个循环语句的语法结构。一个循环体内包含另一个完整的循环结构，称为循环的嵌套。内嵌的循环中还可以嵌套循环，这就是多层循环。三种循环（for 循环、while 循环和 do…while 循环）可以互相嵌套。例如下面几种形式都是合法的。

（1）第 1 种形式

```
{ …
   while()
```

```
  { … }
}
```

（2）第2种形式

```
{ …
  do
  { … }
  while();
}
while();
```

（3）第3种形式

```
{…
  for(;;)
  { … }
}
```

（4）第4种形式

```
{   …
  do
  { … }
  while();
}
```

（5）第5种形式

```
{…
  while()
  { … }
}
```

（6）第6种形式

```
{ …
  for(;;)
  { … }
}
while();
```

【例1-15】使用双重循环打印九九乘法表。

```
package chapter01;
public class Multiplication {
    /**
     * 打印九九乘法表
     */
    public static void main(String[] args) {
        int i,j;
        for(i=1;i<10;i++){
            for(j=1;j<=i;j++){
```

```
                System.out.print(j+"*"+i+"="+i*j+"\t");
            }
            System.out.println();
        }
    }
}
```

【例 1-16】我国古代数学家张邱建在《算经》一书中曾提出过著名的"百钱买百鸡"问题，该问题叙述如下：鸡翁一值钱五；鸡母一值钱三；鸡雏三值钱一。百钱买百鸡，问鸡翁、鸡母、鸡雏各几何？

翻译过来，意思是公鸡一只五元钱，母鸡一只三元钱，小鸡三只一元钱，现在要用 100 元钱买 100 只鸡，问公鸡、母鸡、小鸡各多少只？

```
package chapter01;
public class BuyChick {
    /**
     *百钱买百鸡
     */
    public static void main(String[] args) {
        // TODO Auto-generated method stub
        int gj,mj,xj;
        for(gj=0;gj<=20;gj++){        //100 元钱最多可以买 20 只公鸡
            for(xj=0;xj<=100;xj+=3){
                                //小鸡最多买 100 只就可以,并且买小鸡的只数应是 3 的倍数
                mj=100-gj-xj;          //母鸡的只数应该是 100 减掉公鸡和小鸡的和
                if(mj>0 && gj*5+mj*3+xj/3==100){
                    System.out.println("100 元钱可以买到公鸡"+gj+"只,母鸡"+
                                        mj+"只,小鸡"+xj+"只");
                }
            }
        }
    }
}
```

任务拓展

① 超市为了提高销售额，需要对顾客的年龄层次（30 岁以上/30 岁以下）进行调查（样本数为 10），请计算这两个层次的顾客比例。

a. 代码如下。

参考代码

学习笔记：..

....

....

....

b. 程序运行结果如图 1-38 所示。

② 超市为了维护会员信息，需要将其信息录入系统中，具体要求如下。

- 循环录入 3 位会员的信息（会员号、会员生日、积分）。
- 判断会员号是否合法（4 位整数）。
- 若会员号合法，则显示录入的信息，否则显示录入失败。

a．代码如下。

参考代码

学习笔记：

b．程序运行结果如图 1-39 所示。

图 1-38 程序运行结果（一）　　　　　图 1-39 程序运行结果（二）

③ 验证用户登录信息。

用户登录系统时需要输入用户名和密码，系统对用户输入的用户名和密码进行验证。验证次数最多 3 次，超过 3 次则程序结束。根据验证结果的不同（信息匹配/信息不匹配/3 次都不匹配），执行不同的操作。假设正确的用户名和密码分别为 admin 和 123456。

a．代码如下。

参考代码

学习笔记：

b．程序运行结果如图 1-40 所示。

图 1-40 3 种不同情况程序运行结果

举一反三

输出 100 以内所有的素数。（根据理解，写出案例代码）
提示：只能被 1 和本身整除的数叫作素数。

任务 1.6　开发库存管理功能

任务分析

本任务为实现库存管理功能，使用数组分别存储商品名称、商品价格和库存数。
① 实现查看库存清单功能，使用循环查看库存清单。
② 实现修改商品库存数量功能，输入需要修改的商品名称，修改该商品数量。
程序运行结果如图 1-41 所示。

```
-----------超市库存清单------------
      商品名称    商品价格    商品数量
      洗衣液      25.0       100
      拖鞋       20.0       35
      肥皂       3.5        240
      牙膏       18.0       170
请输入商品名称：肥皂
请输入商品数量88
商品库存修改成功
-----------修改后超市库存清单------------
      商品名称    商品价格    商品数量
      洗衣液      25.0       100
      拖鞋       20.0       35
      肥皂       3.5        88
      牙膏       18.0       170
```

图 1-41　程序运行结果

 **任务实施**

在本任务中首先通过数组存储商品信息，然后借助于循环对数组元素进行遍历访问，实现商品清单的输出。

```java
package chapter01;
import java.util.Scanner;
public class Reserve {
    /**
     * 库存管理功能
     */
    public static void main(String[] args) {
        // TODO Auto-generated method stub
        int i;
        String[] name={"洗衣液","拖鞋","肥皂","牙膏"};
        double[] price={25,20,3.5,18};
        int[] num={100,35,240,170};
        System.out.println("     -----------超市库存清单------------");
        System.out.println("\t 商品名称\t 商品价格\t 商品数量");
        for(i=0;i<name.length;i++){
            System.out.println("\t"+name[i]+"\t"+price[i]+"\t"+num[i]);
        }
        Scanner input=new Scanner(System.in);
        System.out.print("请输入商品名称:");
        String mName=input.next();
        for(i=0;i<name.length;i++){
            if(mName.equals(name[i])){
                break;
            }
        }
        if(i<name.length){
            System.out.print("请输入商品数量");
            num[i]=input.nextInt();
            System.out.println("商品库存修改成功");
        }else{
            System.out.println("该商品不存在");
        }
        System.out.println("     -----------修改后超市库存清单------------");
        System.out.println("\t 商品名称\t 商品价格\t 商品数量");
        for(i=0;i<name.length;i++){
            System.out.println("\t"+name[i]+"\t"+price[i]+"\t"+num[i]);
        }
    }
}
```

 代码说明

```
String[] name={"洗衣液","拖鞋","肥皂","牙膏"};
```
定义一字符类型的数组 name，为数组初始赋值。

```
for(i=0;i<name.length;i++){
    System.out.println("\t"+name[i]+"\t"+price[i]+"\t"+num[i]);
}
```
使用循环遍历三个数组中的每个元素，完成商品清单的输出。

```
for(i=0;i<name.length;i++){
    if(mName.equals(name[i])){
        break;
    }
}
```

在 name 数组中查找值为 mName 的元素，如果能找到，返回的元素位置 i 应小于该数组长度；如果找不到，返回的位置 i 等于该数组的长度。

知识解析

数组是具有相同数据类型的一组数的有序集合，数组中的每个数据称为数组的元素，数组中各元素具有相同的数据类型，且在内存中是连续存放的，通过下标来区分数组中的不同元素。根据构成形式，可将数组分为一维数组和多维数组，这里主要介绍一维数组。

1.6.1　声明数组和创建数组

一维数组的声明格式如下：

数据类型 [ ]　数组名；或者　数据类型 数组名[ ] ；

以上两种格式都可以声明一个数组，其中，数据类型既可以是基本数据类型，也可以是引用数据类型；[ ]必不可少，代表声明的是数组变量，而不是普通变量；数组名可以是任意合法的变量名。

任务 1.6-1　数组

例如：

```
int score[ ];          //声明了一个名称为 score 的数组,数组中元素的类型为 int
String[ ] name;        //声明了一个名称为 name 的数组,数组中元素的类型为 String
```

声明数组仅仅指定了数组的名称和元素的数据类型，数组元素的个数并未确定，因此，系统无法为它分配内存空间，在使用前还需要为它分配空间，即创建数组空间，格式如下：

数组名=new　数据类型[数组中元素的个数]；

在创建数组时需要指定数组中元素的个数，创建之后不可修改，创建之后会返回一个数组空间的引用。例如，为刚才声明的数组 score 分配空间：

```
score=new int[30];
```
当然，也可以在声明数组时就给它分配空间，格式如下：

数据类型 [ ] 数组名=new 数据类型[数组中元素的个数]；

例如：

```
int score[ ]=new int[5];     //创建了一个包含 5 个 int 型元素的数组
```

1.6.2 数组的初始化

如果数组元素的类型是基本数据类型，那么数组在创建之后，每个元素会自动赋予其数据类型的默认值，如 int 型会自动赋为 0，boolean 型会自动赋为 false，char 型会自动赋为'\0'。当然，大部分情况下都需要对数组进行显式的初始化，也可以在定义数组的时候就给数组的每个元素赋值。

格式如下：

数据类型[ ] 数组名 =new 数据类型[]{值1,值2,值3,…,值n};

或者

数据类型[ ] 数组名 ={值1,值2,值3,…,值n};

例如：

```
int[ ] score={89,79,76,64,81};
int[ ] score=new int[ ]{89,79,76,64,81};
```

初始化时将所有的初始值用{}括起来，每个值直接用逗号隔开。注意：这里在创建数组时，省略了数组中元素的个数，如果数组定义时进行了初始化操作，那么数组中元素的个数将根据给定的初始值来确定，不能另行指定。

1.6.3 数组元素的使用

创建数组，其目的是使用数组，格式如下：

数组名[下标]

例如：score[1]。

数组中的每个元素都有一个索引，或者称为下标，代表了元素在数组中所处的位置。需要注意的是，下标是从 0 开始的，直到数组元素个数减 1 为止，下标可以是 int 类型的数据和算术表达式。例如，score[2+1]是合法的。

因此，int[] score = new int[]{95,89,79,64,81}相当于：

```
int score[ ];
score=new int[5];
score[0]=95; score[1]=89; score[2]=79; score[3]=64; score[4]=81;
```

1.6.4 数组的常见操作

数组初始化完成后，就可以使用数组，包括数组的遍历、最值的获取、数组的排序等。

任务 1.6-2 数组
的常见操作

（1）数组遍历

在操作数组时，经常需要依次访问数组中的每个元素，这种操作称作数组的遍历。接下来通过案例来学习如何使用 for 循环来遍历数组。

【例 1-17】使用 for 循环语句遍历数组。

```
package chapter01;
public class Ergodic {
    /**
     * 数组遍历
     */
    public static void main(String[] args) {
        int[] arr={10,20,30,40,50}; //数组初始化
        for(int i=0;i<arr.length;i++){        //使用 for 循环遍历数组的元素
```

```
        System.out.println(arr[i]); //通过索引访问元素
        }
    }
}
```

（2）数组最值

在操作数组时，经常需要获取数组中元素的最值。接下来通过案例来学习如何获取数组中元素的最大值。

【例 1-18】 求数组中的最大值。

```
package chapter01;
import java.util.Scanner;
public class Max {
    /**
     * 求数组最值
     */
    public static void main(String[] args) {
        int[] arr=new int[5];
        int i,max;
        Scanner input=new Scanner(System.in);
        for(i=0;i<arr.length;i++){          //使用 for 循环语句循环输入
            System.out.print("输入第"+(i+1)+"个元素:");
            arr[i]=input.nextInt();
        }
        max=arr[0];                 //变量 max 用于记住最大值,首先假设第一个元素为最大值
        for(i=1;i<arr.length;i++){
            if(max<arr[i])                 //比较 arr[i]的值是否大于 max
                max=arr[i];                 //条件成立,将 arr[i]的值赋给 max
        }
        System.out.println("数组中最大值是"+max);
    }
}
```

（3）数组排序

排序是程序设计中经常遇到的问题，其中冒泡排序是一种行之有效的方法。其基本思路是：通过相邻元素之间的比较和交换，使较小的元素逐渐从底部移向顶部，就像水底下的气泡一样逐渐向上冒。当然，随着较小的元素逐渐上移，较大的元素也逐渐下移。其过程具体叙述为：首先将 a[0]元素同 a[1]元素进行比较，若 a[0]>a[1]，则交换两元素的位置，使轻者上浮，重者下沉，接着比较 a[1]与 a[2]，同样轻者上浮，重者下沉，以此类推，直到比较 a[n-2]同 a[n-1]，并使轻者上浮，重者下沉后，第一趟排序结束，此时，a[n-1]为最大元素；然后在 a[0]～a[n-2]排序区间进行第二趟排序，使次小的元素上浮到第 2 单元中；重复进行 $n-1$ 趟后，整个排序结束。

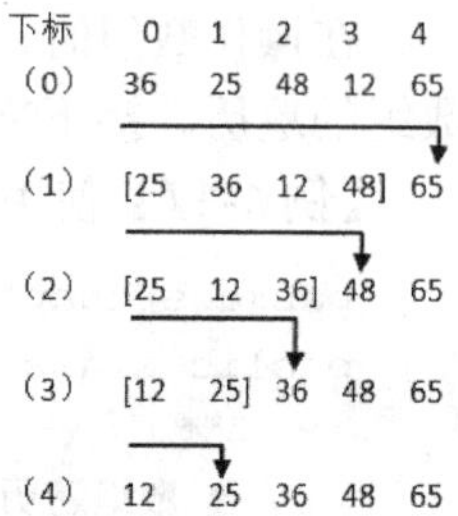

例如，假定有 5 个元素分别为（36，25，48，12，65），冒泡排序的过程如图 1-42 所示。其中，中括号内的为下一趟排序的区间，中括号前面的一个元素为本趟排序上浮出来的最小元素，箭头表示在本趟

图 1-42 冒泡排序的过程示例

排序中较小元素最终上浮的位置。在此过程中，从第三趟排序起，没有出现元素的交换，表明元素已经有序，以后各趟的排序无须进行。

【例1-19】使用冒泡法对10个数由小到大排序。

```java
package chapter01;
import java.util.Scanner;
public class BubblingSort {
    /**
     *冒泡排序
     */
    public static void main(String[] args) {
        int[] arr=new int[10];
        int i,j,temp,flag;
        Scanner input=new Scanner(System.in);
        for(i=0;i<arr.length;i++){      //使用 for 循环语句循环输入数组元素
            System.out.print("输入第"+(i+1)+"个元素:");
            arr[i]=input.nextInt();
        }
        for(i=arr.length-2;i>=0;i--){    //外层循环变量 i 表示每趟比较的最后一个元
                                         素的位置
            flag=0;   /*flag 表示每一趟是否有交换,在进行每一趟之前置为 0,表示无交换*/
            for(j=0;j<=i;j++){         //内层循环表示每趟比较的每个元素
                if(arr[j]>arr[j+1]){
                    temp=arr[j];
                    arr[j]=arr[j+1];
                    arr[j+1]=temp;
                    flag=1;
                }
            }
            if(flag==0)     break; //进行一趟后若无交换,表明已有序,则排序结束
        }
        for(i=0;i<arr.length;i++){      //排序后输出
            System.out.print(arr[i]+"\t");
        }
    }
}
```

其实在Java语言中实现排序功能非常容易，先看下面的语法。

格式如下：

```
Arrays.sort(数组名);
```

Arrays 是 Java 中提供的一个类，而 sort()是该类的一个方法。关于"类"和"方法"的含义将在后面的项目中详细讲解，这里我们只需要知道，按照上面的语法，即将数组名放在sort()方法的括号中，就可以完成对该数组的排序。因此，这个方法执行后，数组中的元素已经有序（升序）了。

【例 1-20】对 5 名学生的考试成绩从低到高排序。

```java
package chapter01;
import java.util.Arrays;
import java.util.Scanner;
public class ScoreSort {
    /**
     * 考试成绩排序
     */
    public static void main(String[] args) {
        int[] arr=new int[5];
        int i;
        Scanner input=new Scanner(System.in);
        for(i=0;i<arr.length;i++){
            System.out.print("输入第"+(i+1)+"名学生成绩:");
            arr[i]=input.nextInt();
        }
        Arrays.sort(arr); //对数组升序排序
        System.out.println("学生成绩按升序排列:");
        for(i=0;i<arr.length;i++){
            System.out.print(arr[i]+"\t");
        }
    }
}
```

任务拓展

① 购物金额结算。某会员本月购物 5 次，输入 5 笔购物金额，以表格的形式输出这 5 笔购物金额及总金额。

a. 代码如下。

学习笔记： ---

参考代码 ---

b. 程序运行结果如图 1-43 所示。

图 1-43　程序运行结果（一）

② 用数组输出斐波那契数列的前 40 个数。

a. 代码如下。

学习笔记: _____

_____

_____

参考代码 _____

b. 程序运行结果如图 1-44 所示。

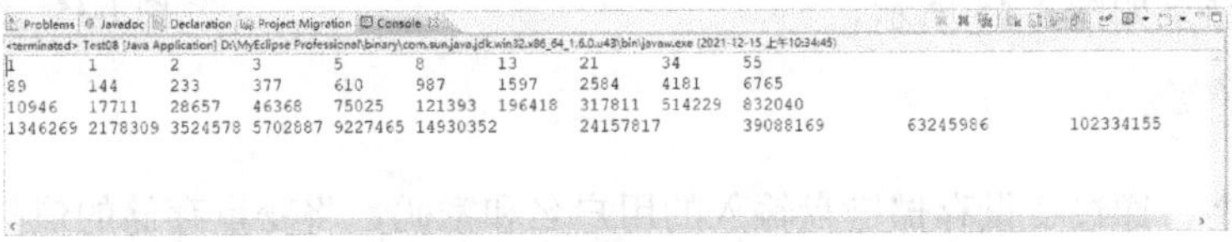

图 1-44 程序运行结果（二）

举一反三

将一个数组的元素值按逆序重新排放。（根据理解，写出案例代码）

提示：数组中元素原来的顺序是 2、4、6、8、10，逆序后变为 10、8、6、4、2。

_____

_____

_____

_____

_____

_____

_____

_____

_____

_____

_____

_____

_____

任务 1.7   开发会员登录功能

任务分析

实现会员登录功能。使用键盘输入会员用户名和密码，完成登录验证，验证成功，显示"登录成功"；否则显示"用户名或密码不匹配，登录失败！"。

程序运行结果如图 1-45 所示。

图 1-45   程序运行结果

任务实施

在本任务中，通过变量存储键盘输入的用户名和密码，将变量存储的值与指定值进行比较，比较结果为真时，实现用户登录功能，否则用户登录失败。

```java
package chapter01;
import java.util.Scanner;
public class Register {
    /**
     * 用户登录验证
     */
    public static void main(String[] args) {
        Scanner input=new Scanner(System.in);
        String uname,pwd;
        System.out.print("请输入用户名: ");
        uname=input.next();
        System.out.print("请输入密码: ");
        pwd=input.next();
        if(uname.equals("ROSE")&&pwd.equals("1234567")){
            System.out.print("登录成功! ");
        }else{
            System.out.print("用户名或密码不匹配,登录失败!");
        }
    }
}
```

代码说明

uname.equals("ROSE")

equals()方法用于将字符串与指定的对象进行比较。String 类中重写了 equals()方法，用于比较两个字符串的内容是否相等。此处判断输入的用户名是否为字符串"ROSE"，如果是，返回真。

知识解析

字符串是字符组成的序列，用双引号括起来。Java 语言提供了两个字符串类：一个是在程序运行初始化后不能改变的字符串类 String；另一个是字符串内容可以动态改变的类 StringBuffer，即在程序运行中可以修改或删除 StringBuffer 对象中的字符串。这两个类都被封装在 java.lang 包中。

1.7.1　创建 String 字符串

String 类是一种特殊的对象类型数据，它既可以采用普通变量的声明方法，也可以采用对象变量的声明方法。

采用声明普通变量的方法，其格式为：

```
String 对象名=字符串类型数据;
```

例如：

```
String str1="hello";
```

采用声明对象变量的方法，其格式为：

```
String 对象名=new String(字符串类型数据);
```

例如：

```
String str1=new String("hello");
```

任务 1.7-1　字符串

1.7.2　String 类的常用方法

（1）获得字符串的长度

调用 length()方法获得字符串的长度，语法为：

```
字符串名.length();
```

例如，下面的语句用来计算变量 str 中字符串的长度，变量 num 的值为 19。

```
String str="This is a computer. ";
int num=str.length();
```

（2）比较字符串

在程序中经常需要比较两个字符串的内容。在比较数字时常用运算符"＝＝"来比较是否相等，但是对于字符串来说，"＝＝"只检查 s1 和 s2 两个字符串对象是否指向同一个对象，它不能判断两个字符串所包含的内容是否相同。

在 Java 中有两组方法来完成字符串的比较。一组是 equals()，用于比较两个字符串是否相等，返回值为布尔值；另一组是 compareTo()，用于按字符顺序比较两个字符串，返回值为整数。具体有 4 个方法：

```
Boolean equals(String str)
Boolean equalsIgnoreCase(String str)    //忽略字符大小写
int compareTo(String str)
int compareToIgnoreCase(String str)     //忽略字符大小写
```

例如：

```
String s1="this";
String s1="that";
System.out.println(s1.equals("This"));
System.out.println(s2.equalsIgnoreCase ("This"));
System.out.println(s1.compareTo ("That"));
System.out.println(s2.compareToIgnoreCase ("That"));
```

输出结果为：

```
false
true
32
0
```

其中，compareTo()方法的实际值依赖于 s1 和 "That" 中从左到右第一对不相同字符之间的差距，若第一个字符串某位置上的字符大于另一个字符串对应位置上的字符，则比较结果为大于 0 的整数，否则为小于 0 的整数，只有当两个字符串完全相同时结果才为 0。

（3）连接字符串

① 用连接操作符 "＋" 将两个字符串连接起来。

例如：

```
message="abc";
String s1=message+"and"+"def";
```

s1 的内容为：abcanddef。

② 用 concat()方法连接两个字符串。

语法为：

```
字符串 1.concat(字符串 2);
```

例如：

```
s1="This";
s2="is a book";
String s3=s1.concat(s2);
```

s3 的内容为：This is a book。

（4）提取字符串

① 提取某个区间内的字符串。

语法：

```
String substring(int beginindex,int endindex)
```

例如：

```
String s="青春无悔无悔青春";
String index=s.substring(2,6);
```

执行后，index 的内容是 "无悔无悔"。

注意：a. 字符串与数组一样，也是从 0 号字符开始的；

b. 终止于 endindex 号字符，就是提取到它的前一号，即 endindex－1 号字符。

② 提取从某位置开始的字符串。

语法：

```
String substring(int beginindex)
```

例如：

```
String s="青春无悔";
String index=s.substring(1);
```

执行后，index 的内容是 "春无悔"。

③ 返回一个前后不含任何空格的调用字符串的副本。

语法：

```
String trim()
```

例如：

```
String s="青春无悔";
String index=s.trim();
```

执行后，index 的内容是"青春无悔"。

（5）查询字符串

① 返回子串 str 在字符串中出现的第一个位置。

语法：

```
int indexOf(String str)
```

例如：

```
String s="青春无悔";
int index=s.indexOf("青春");
```

执行后，index 的内容是 0。

② 返回子串 str 在字符串中出现的最后一个位置。

语法：

```
int lastIndexOf(String str)
```

例如：

```
String s="青春无悔无悔青春";
int index=s.indexOf("青春");
```

执行后，index 的内容是 6。

（6）字符串的大小写转换

① 将字符串中的所有字符从小写改为大写。

语法：

```
String toUpperCase(String str)
```

例如：

```
String s="student";
String index=s.toUpperCase ();
```

执行后，index 的内容是"STUDENT"。

② 将字符串中的所有字符从大写改为小写。

语法：

```
String toLowerCase(String str)
```

例如：

```
String s="STUDENT";
String index=s.toLowerCase ();
```

执行后，index 的内容是"student"。

【例 1-21】实现 Java 作业提交，用户输入提交的作业文件名和邮箱号，验证输入的文件名和邮箱号是不是有效的，都为有效则输出"作业提交成功"。

```java
package chapter01;
import java.util.Scanner;
public class Verify{
    /**
    * 作业提交系统
    */
    public static void main(String[] args) {
        boolean fileCorrect=false;                //标识文件名是否正确
        boolean emailCorrect=false;               //标识 E-mail 是否正确
        System.out.println("---欢迎进入作业提交系统---");
        Scanner input=new Scanner(System.in);
        System.out.println("请输入 Java 文件名: ");
        String fileName=input.next();
        System.out.print("请输入你的邮箱:");
        String email=input.next();
        //检查 Java 文件名
        int index=fileName.lastIndexOf(".");     //"."的位置
        if(index!=-1 && index!=0 && fileName.substring(index+1,
                        fileName.length()).equals("java")){
            fileCorrect=true;                     //标识文件名正确
        }else{
            System.out.println("文件名无效。");
        }
        //检查邮箱格式
        if(email.indexOf('@')!=-1 &&
            email.indexOf('.')>email.indexOf('@')){
            emailCorrect=true;                    //标识 E-mail 正确
        }else{
            System.out.println("E-mail 无效。");
        }
        //输出检测结果
        if(fileCorrect && emailCorrect){
            System.out.println("作业提交成功!");
        }else{
            System.out.println("作业提交失败!");
        }
    }
}
```

1.7.3 定义 StringBuffer 类的对象

在 Java 中，除了使用 String 类存储字符串之外，还可以使用 StringBuffer 类来存储字符串。StringBuffer 也是 Java 开发人员提供的用于处理字符串的一个类，而且它是比 String 类更高效地存储字符串的一种引用数据类型。特别是对字符串进行连接操作时，使用 StringBuffer 类可以大大提高程序的执行效率。

任务 1.7-2　StringBuffer

与 String 字符串的创建不同，StringBuffer 对象的创建语法只有一种，即使用 new 操作符来创建对象，其语法格式：

```
StringBuffer 字符串名=new StringBuffer(字符串类型数据);
```

例如：

```
StringBuffer str1=new StringBuffer ("hello");
```

1.7.4 StringBuffer 类的常用方法

（1）capacity

功能：该方法返回字符串缓冲区的当前容量。容量是指可以存入字符串缓冲区的新字符数，其大小为整型值。

语法：

```
int capacity()
```

例如：

```
StringBuffer str1=new StringBuffer(100);
int x=str1.capacity();
```

执行后，x 的内容是 100。

（2）append

功能：该方法将指定的字符串内容连接到 StringBuffer 对象中内容的后面，并返回连接后的 StringBuffer 对象。

语法：

```
StringBuffer append(String str)
```

例如：

```
StringBuffer str1=new StringBuffer("JAVA");
String str2="_learning";
str1.append(str2);
```

执行后，str1 的内容是"JAVA_learning"。

（3）insert

功能：该方法可以在指定位置插入新内容。

语法：

```
StringBuffer insert(String str)
```

例如：

```
StringBuffer str1=new StringBuffer("JAVA");
String str2="_learning";
str1.insert(2,str2);
```

执行后，str1 的内容是"JA_learningVA"。

（4）delete

功能：该方法可以删除指定位置上的内容。

语法：

```
StringBuffer delete(int start,int end)
```

例如：

```
StringBuffer str1=new StringBuffer("JAVA_learning");
str1.delete(2,4);
```

执行后，str1 的内容是 "JA_learning"。

（5）reverse

功能：该方法可以反转字符串缓冲区的字符串。

语法：

```
StringBuffer reverse()
```

例如：

```
StringBuffer str1=new StringBuffer("JAVA");
str1.reverse();
```

执行后，str1 的内容是 "AVAJ"。

（6）toString

功能：该方法将创建一个与该对象内容相同的字符串对象。

语法：

```
String toString()
```

例如：

```
StringBuffer str1=new StringBuffer("JAVA");
str1.toString ();
```

执行后，str1 的内容是 "JAVA"。

【例 1-22】实现将一个数字字符串转换成逗号分隔的数字串，即从右边开始每 3 个数字用逗号分隔，运行结果如图 1-46 所示。

图 1-46   用逗号分隔字符串

```
package chapter01;
import java.util.Scanner;
public class Insert {
    /**
     * 每隔三位插入逗号
     */
    public static void main(String[] args) {
        Scanner input=new Scanner(System.in);
        //接收数字串,存放于 StringBuffer 类型的对象中
        System.out.print("请输入一串数字: ");
        String nums=input.next();
        StringBuffer str=new StringBuffer(nums);
        //从后往前每隔三位添加逗号
        for(int i=str.length()-3;i>0;i=i-3){
            str.insert(i,',');
        }
        System.out.print(str);
    }
}
```

任务拓展

在字符串中判断指定字符出现的次数。输入一个字符串，再输入要查找的字符，判断该字符在该字符串中出现的次数。

① 代码如下。

学习笔记：_____

_____

_____

参考代码   _____

② 程序运行结果如图 1-47 所示。

```
Probl  @ Javad  Declar  Projec  Conso ☒
<terminated> Test09 [Java Application] D:\MyEclipse Professional\bin
请输入一个字符串：我爱你中国，我爱你故乡！
请输入要查找的字符：爱
"我爱你中国，我爱你故乡！"中包含2个"爱"。
```

图 1-47 程序运行结果

举一反三

编程实现将一个数字字符串转换成逗号分隔的数字字符串。（根据理解，写出案例代码）
提示：从右边开始每 3 个数字用逗号分隔，如输入字符串 1234567，输出字符串 1,234,567。

_____

_____

_____

_____

_____

_____

_____

_____

_____

_____

_____

任务 1.8   开发会员注册功能

任务分析

实现会员注册功能，为了方便地将抽奖结果及时反馈给客户，超市注册时要求会员提供身份证号、手机号和座机号。各号码要求如下所示。

① 身份证必须是 18 位。

② 手机号必须是 11 位。

③ 座机号必须以字符 "-" 连接，"-" 前必须是 4 位数，"-" 后必须是 7 位数。

各号码验证通过，表示注册成功，如果验证不通过，提示哪一步有错误。程序运行结果如图 1-48 所示。

图 1-48　程序运行结果

任务实施

在本任务中借助于字符串的 split()方法实现对字符串的拆分，借助于 length()方法实现字符中的长度获取，并将具体比较过程通过方法进行了封装。

```java
package chapter01;
import java.util.Scanner;
public class Register2 {
    /**
     * 验证注册信息
     */
    public String verify(String id,String cell,String phone){
        String flag="注册成功!";
        String[] splitphone=new String[3];
        splitphone=phone.split("-",2);
        if(id.length()!=18){
            flag="身份证号必须是 18 位!";
        }else if(cell.length()!=11){
            flag="手机号码必须是 11 位!";
        }else if(splitphone[0].length()!=4 && splitphone[0].length()!=7){
            flag="座机号码区号必须为 4 位,电话号码必须是 7 位!";
        }
        return flag;
    }
    public static void main(String[] args) {
        Register2 r=new Register2();
        Scanner input=new Scanner(System.in);
        String ID,p1,p2;
        String resp;
```

```
        System.out.println("***欢迎进入注册系统*** \n");
        do{
            System.out.print("请输入身份证: ");
            ID=input.next();
            System.out.print("请输入手机号: ");
            p1=input.next();
            System.out.print("请输入座机号: ");
            p2=input.next();
            resp=r.verify(ID, p1, p2);
            System.out.println(resp);
        }while(!resp.equals("注册成功!"));
    }
}
```

代码说明

```
public String verify(String id,String cell,String phone){
    ……
}
```

定义 verify()方法，该方法能够实现注册信息的验证功能，方法返回值类型为 String，返回值为验证信息。该方法有三个参数，用来分别接收三个字符串类型数据，分别是身份证号、手机号和座机号。

```
Demo08 r=new Demo08();
```

将当前类 Demo08 实例化成对象 r，类的定义和使用会在后面的项目中学习。

```
resp=r.verify(ID, p1, p2);
```

方法的调用，调用对象 r 的 verify()方法，将变量 ID、p1 和 p2 的值传递给该方法，方法会返回一个 String 类型值，把返回值赋给变量 resp。

知识解析

1.8.1 方法的定义

假设有一个游戏程序，程序在运行过程中，要不断地发射炮弹。发射炮弹的动作需要编写 100 行的代码，在每次实现发射炮弹的地方都需要重复地编写这 100 行代码，这样程序会变得很臃肿，可读性也非常差。为了解决代码重复编写的问题，可以将发射炮弹的代码提取出来放在一个{}中，并为这段代码起个名字，这样在每次发射炮弹的地方通过这个名字来调用发射炮弹的代码就可以了。这个过程中，所提取出来的代码可以看作程序中定义的一个方法，程序在需要发射炮弹时调用该方法即可。

方法用于封装一段特定的逻辑功能，其可以在程序中反复被调用。方法可以降低代码的重复性，便于程序的维护。定义方法的 5 个要素是修饰符、返回值类型、方法名、参数列表和方法体。

Java 语言中方法定义的语法格式如下：

```
修饰符 返回值类型 方法名([参数类型 参数名1，参数类型 参数名2，……]){
    //方法体代码
```

```
    return 返回值;
}
```

语法格式具体说明如下。

① 修饰符：方法的修饰符比较多，有对访问权限进行限定的，有静态修饰符 static，还有最终修饰符 final 等，这些修饰符在后面的学习过程中会逐一讲解。

② 返回值类型：用于限定方法返回值的数据类型。

③ 参数类型：用于限定调用方法时传入参数的数据类型。

④ 参数名：是一个变量，用于接收调用方法时传入的数据。

⑤ return 关键字：用于结束方法以及返回方法指定类型的值。

⑥ 返回值：被 return 语句返回的值，该值会返回给调用者。

需要特别注意的是，方法中的"参数类型 参数名 1，参数类型 参数名 2"被称作参数列表，它用于描述方法在被调用时需要接收的参数，如果方法不需要接收任何参数，则参数列表为空，即（）内不写任何内容。方法的返回值必须为方法声明的返回值类型，如果方法没有返回值，则返回值类型为 void，此时，方法中 return 语句可以省略。

下面程序中除了主方法以外，还定义了其他方法，代码如下：

```
package chapter01;
public class MethedExample {
    public static void main(String[] args) {    }
    //自定义方法
    //定义无返回值,无参数方法
    void methed1(){}
    //定义无返回值,有参数方法
    void methed2(String name){}
    //定义有返回值,有参数方法
    int sum(int num1,int num2){
        return num1+num2;
    }
}
```

上面的代码中除了主方法以外，还定义了 3 个方法。methed1、methed2 和 sum 是 3 个方法的名称。其中 methed1()方法前面用 void 修饰，表示该方法执行完毕后没有返回值。methed2()方法名称后的小括号中加了一个 String 类型的变量声明，这个是形参。表示若要调用 methed2()方法，必须传入一个参数给 methed2()方法。sum()方法名称前面用 int 表示方法类型，代表该方法执行完毕以后会返回一个 int 类型的值。以上 3 个自定义方法都没有用修饰符。也就是说，修饰符不是方法中所必需的。

1.8.2　方法的调用

程序执行的入口是从主方法开始一行一行地执行，自定义的方法不会自动执行，需要通过主方法调用才会执行。

方法调用的语法格式如下：

方法名([参数 1,参数 2,……])

语法格式具体说明如下：

① 方法被调用时，传给被调用方法的实参类型需要

任务 1.8-1 类的
无参方法

任务 1.8-2　类的
有参方法

和方法定义的形参类型匹配。

举例如下。

定义方法：

```
public static int sum(int num1,int num2){......}
public static void sayHi(String name){......}
```

调用方法：

```
int result=sum(3,4);
sayHi("张三");
```

② 方法调用语句所处的上下文环境要和方法定义的返回值类型匹配。

③ 如果在主方法中直接调用自定义方法，方法需要关键字 static 修饰。

【例 1-23】使用方法实现打印三个长宽不同的矩形。

```
package chapter01;
public class Rectangle {
    /**
     * 打印长宽不同的矩形
     */
    public static void main(String[] args) {
        printRectangle(3,5);              //调用方法实现打印矩形
        printRectangle(6,8);
        printRectangle(4,9);
    }
    //定义一个打印矩形的方法,接收两个参数,其中 h 为高,w 为宽
    public static void printRectangle(int h,int w){
        for(int i=0;i<h;i++){
            for(int j=0;j<w;j++){
                System.out.print("*");
            }
            System.out.println();
        }
        System.out.println();
    }
}
```

1.8.3 方法的递归

方法的递归是指在一个方法的内部调用自身的过程，递归必须要有结束条件，不然就会陷入无限递归的状态，永远无法结束调用。

【例 1-24】使用递归算法计算 n 的阶乘。

```
package chapter01;
import java.util.Scanner;
public class Recursion {
    /**
     * 求 n 的阶乘
     */
    public static void main(String[] args) {
        int n;
        Scanner input=new Scanner(System.in);
```

```
        System.out.print("请输入整数n");
        n=input.nextInt();
        System.out.println(n+"!="+jc(n));    //调用递归方法,计算阶乘并输出
    }
    //使用递归实现 n 的阶乘
    public static int jc(int n){
        if(n==1){
            //满足条件,递归结束
            return 1;
        }else{
            return jc(n-1)*n;
        }
    }
}
```

在上例中，定义了一个 jc() 方法用于计算 1～n 自然数之和。程序中 "return jc(n-1)*n;"相当于在 jc() 方法的内部调用了自身，这就是方法的递归，整个递归过程在 "n==1" 时结束。递归调用的过程如图 1-49 所示。

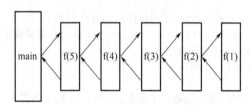

图 1-49　递归调用过程

🦀 任务拓展

利用所学知识完成超市购物管理系统菜单的级联效果开发。开发超市购物管理系统菜单，输入菜单项编号，可以自由切换各个菜单。菜单的级联关系如图 1-50 所示。

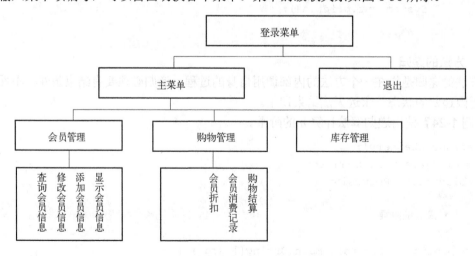

图 1-50　菜单级联关系

① 代码如下。

学习笔记：_____

_____

_____

_____

参考代码

② 程序运行结果如图 1-51 所示。

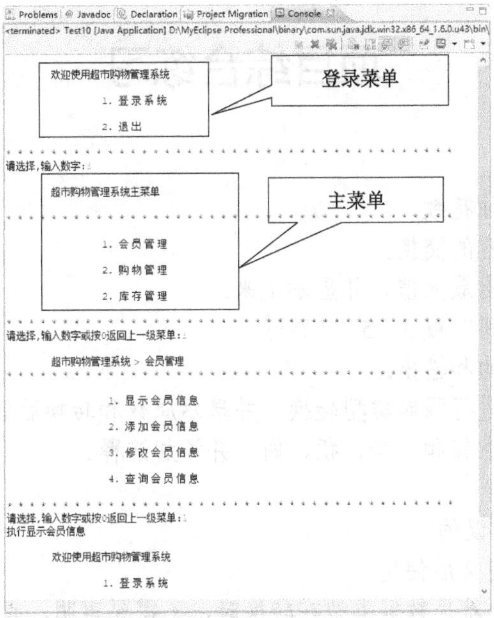

图 1-51　程序运行结果

举一反三

定义一个打印矩形的方法，接收两个参数，其中 height 为高，width 为宽。调用方法实现打印矩形。（根据理解，写出相似的样例）

_____

_____

_____

_____

_____

_____

_____

思政园地

学习笔记：
....
....
....
....

拓展阅读

项目综合练习

一、操作题

1. 求 246 是不是水仙花数。
2. 实现两个整数内容的交换。
3. 给定三个数，找出最大值，并显示出来。
4. 判定一个数能否同时被 3、5、7 整除。
5. 实现两个数相加的和输出。
6. 对某个浮点型数进行强制类型转换，并显示原数和转换后的结果。
7. 声明两个变量，求其和、差、积、商，并添加注释。

二、选择题

1. ( ) 说法是错误的。
   - A. 变量必须先定义后使用
   - B. 自动类型转换就是数据类型在转换时，不需要声明，无精度损失
   - C. 常量的值一旦被设定就不能更改
   - D. 自动类型转换就是可能丢失信息的情况下进行的转换

2. Java 语言中，对关键字大小写的要求是：所有关键字 ( )。
   - A. 首字符大写，其他字符小写
   - B. 只能大写
   - C. 必须小写
   - D. 大小写均可

3. 下列语句的执行结果是 ( )。

```java
public class ex1{
    public static void main(String args[]){
        int x=5;
        x*=x%5+x/(x+x%10);
        System.out.println(x);
    }
}
```

   - A. 5
   - B. 0
   - C. 15
   - D. 10

4. 关于标识符的命名规则，说法错误的是 ( )。
   - A. 标识符可以由空格组成
   - B. Java 中的关键字不能作为标识符
   - C. 标识符中可以包含! 和_
   - D. 首字符不能是数字

5. 关于注释的描述，正确的是（   ）。

    A. 注释分为单行注释、多行注释、文档注释

    B. 单行注释的表示形式是/**注释内容*/

    C. 多行注释的形式是//

    D. 文档注释的形式是/*代码编者*/

6. Java 源文件和编译后的扩展名分别为（   ）。

    A. .class   .java   B. .class   .class

    C. .java   .java   D. .java   .class

7. 布尔类型数据有两个值，具体是（   ）。

    A. 1 和 0   B. true 和 0

    C. false 和 1   D. true 和 false

8. 自增、自减运算符适应于数值型操作，其操作数可以是（   ）。

    A. 整型和浮点型数据   B. 字符串型数据

    C. 布尔型数据   D. 所有类型数据

9. 若 a、b、c、d、e 均为 int 型变量，则执行下面语句后的 e 值是（   ）。

```
a=1;b=2;c=3;d=4;
e=(a<b)?a:b;
e=(e<c)?e:c;
e=(e<d)?e:d;
```

    A. 1   B. 2   C. 3   D. 4

三、填空题

1. Java 语言中算术表达式由算术运算符和_____组成。

2. 在 Java 语言中，布尔数据有两个值_____、_____，不能是 1 和 0。

3. Java 的数据类型可以分为_____和引用数据类型两类。

4. 自增、自减运算的操作数只能是_____，不能是常量或表达式。

项目 2

开发校园信息管理系统

项目介绍

本项目的主要内容是开发校园信息管理系统，该项目主要包含教师类、学生类及管理员类三种对象，教师和学生的信息管理功能、教学督导功能和学生选课功能三个模块。在项目实施过程中实现了通过类创建对象，在类建设中实现了对类属性的封装，通过编写构造方法实现对象在创建时确定对象属性值，通过继承优化了类代码，通过多态实现不同对象的信息展示，通过接口实现不同对象的选课功能。

学习目标

【知识目标】
- 掌握类和对象的概念与特征，理解变量的作用域。
- 掌握构造方法及方法重载的含义，理解封装的概念。
- 理解继承的概念，掌握继承条件下构造方法的执行过程。
- 理解抽象类和抽象方法的特点。
- 理解多态的概念与优势。
- 掌握接口的基础知识，理解接口表示能力与约定的含义。

【技能目标】
- 会创建和使用对象，会定义和使用类的方法。
- 能调用构造方法创建对象，能实现类的封装过程。
- 能通过继承优化代码。
- 能定义抽象类和抽象方法。
- 能使用多态实现教学督导功能的开发与优化。
- 能通过接口实现选课系统模块的开发与优化。

【思政与职业素养目标】
- 通过代码编写与优化，培养学生严谨的工作态度与精益求精的工匠精神。
- 在代码纠错与修改过程中，培养学生发现问题与解决问题的能力。

任务 2.1　教师和学生端信息管理

任务分析

掌握类与对象是学习 Java 语言的基础，本任务的目的是设计教师类和

任务 2.1　教师和学生端信息管理

学生类，掌握类的定义与对象的创建。教师类的属性包括教工号、姓名、性别、年龄和所在部门，方法包括输出教师的基本信息。学生类的属性包括学号、姓名、性别、年龄和班级，方法包括输出学生的基本信息。教师类和学生类的类图如图 2-1 所示。

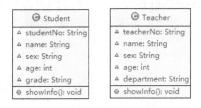

图 2-1 教师类和学生类的类图

程序运行结果如图 2-2 所示。

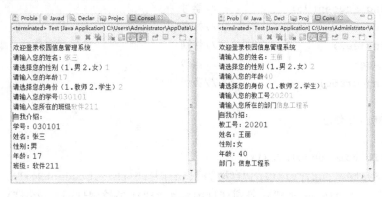

图 2-2 程序运行结果

任务实施

通过发现教师对象的静态特征确定教师类属性，发现教师对象的动态特征确定教师类方法，属性用变量存储，将属性和方法封装成教师类。同理创建学生类。创建测试类，在测试类中创建具体的教师或学生对象并输出对象信息。

① 创建教师类。

```java
package chapter02;
/**
 * 教师类
 */
public class Teacher {
    String teacherNo;        //教工号
    String name;             //姓名
    String sex;              //性别
    int age;                 //年龄
    String department;       //所在部门
    /*
     * 输出教工信息
     */
```

```
    public void showInfo(){
        System.out.println("自我介绍:\n 教工号:"+this.teacherNo+"\n 姓名:"
            +this.name+"\n 性别:"+this.sex+"\n 年龄:"+this.age+"\n 部门:"
            +this.department);
    }
}
```

② 创建学生类。

```
/**
 * 学生类
 */
public class Student {
    String studentNo;              //学号
    String name;                   //姓名
    String sex;                    //性别
    int age;                       //年龄
    String grade;                  //班级
    /*
     * 输出学生信息
     */
    public void showInfo(){
        System.out.println("自我介绍:\n 学号:"+this.studentNo+"\n 姓名:"
            +this.name+"\n 性别:"+this.sex+"\n 年龄:"+this.age+"\n 班级:"
            +this.grade);
    }
}
```

③ 创建测试类。

```
import java.util.Scanner;
public class Test {
    /**
     * 登录系统
     */
    public static void main(String[] args) {
        Scanner input=new Scanner(System.in);
        System.out.println("欢迎登录校园信息管理系统");
        System.out.print("请输入您的姓名:");
        String name=input.next();
        System.out.print("请选择您的性别(1.男 2.女)");
        String sex;
        if(input.nextInt()==1){
            sex="男";
        }else{
            sex="女";
        }
```

```
        System.out.print("请输入您的年龄");
        int age=input.nextInt();
        System.out.print("请选择您的身份(1.教师 2.学生)");
        switch (input.nextInt()) {
        case 1:
            System.out.print("请输入您的教工号");
            String no=input.next();
            System.out.print("请输入您所在的部门");
            String dp=input.next();
            Teacher teacher=new Teacher();
            teacher.teacherNo=no;
            teacher.name=name;
            teacher.sex=sex;
            teacher.age=age;
            teacher.department=dp;
            teacher.showInfo();
            break;
        case 2:
            System.out.print("请输入您的学号");
            no=input.next();
            System.out.print("请输入您所在的班级");
            String grade=input.next();
            Student student=new Student();
            student.studentNo=no;
            student.name=name;
            student.sex=sex;
            student.age=age;
            student.grade=grade;
            student.showInfo();
            break;
        }
    }
}
```

代码说明

```
public void showInfo(){ }
```
定义 showInfo()方法，输出教师（或学生）的基本信息，方法没有返回值。

```
this.teacherNo
```
这里使用了 this 关键字，this 通常指当前对象的引用，它可以调用当前对象的成员。

```
Teacher teacher=new Teacher();
```
对象的创建，定义一个 Teacher 类的对象，并通过 Teacher()构造方法来创建该对象。

```
teacher.teacherNo=no;
```

通过"对象名.属性名"的方式调用属性，表示给对象 teacher 的 teacherNo 属性赋值为 no。

```
teacher.showInfo();
```

通过"对象名.方法名"的方式调用方法，表示调用对象 teacher 的 showInfo()方法。

知识解析

2.1.1 类与对象

面向对象的编程思想力图在程序中对事物的描述与该事物在现实中的形态保持一致。为了做到这一点，面向对象的思想中提出两个概念，即类和对象。其中，类是对某一类事物的抽象描述，而对象用于表示现实中该类事物的个体。类用于描述多个对象的共同特征，它是对象的模板。对象用于描述现实中的个体，它是类的实例。

（1）对象

客观世界是由事物构成的，客观世界中的每一个事物就是一个对象。例如，任务中的张三同学就是一个对象，学号="030101"，姓名="张三"，性别="男"，年龄="17"，班级="软件 211"，具有自我介绍等行为。

还有，日常生活中我们阅读的每一本书，如《水浒传》，乘坐过的每一辆车，如 21 路公共汽车，都是一个对象。

（2）类

类是从日常生活中抽象出来的具有共同特征的实体。张三同学是一个对象，李四同学也是一个对象，他们都有学号、姓名、性别、年龄、班级等属性，都具有自我介绍等行为。从对象的共同特征抽象形成学生，此时，学生就是一个类。任务中 Student 就是抽象形成的一个类。

我们可以将阅读过的《水浒传》《西游记》的公共特征抽象出来，形成书。书就是一个类。

我们还可以将 21 路公共汽车、18 路公共汽车的公共特征抽象出来，形成公共汽车。公共汽车就是一个类。

类可以分为系统类和用户自定义类。系统类存放在 Java 类库中，用户自定义类是程序员自己定义的类。例如：System 类是系统类，不需要定义，直接使用；Student 类是用户自定义类，定义后方可使用。

类将现实世界中的概念模拟到计算机程序中。类具有封装性、继承性和多态性。

2.1.2 属性和方法

类包括属性和方法两部分。

属性是用于描述对象静态特征的数据项，这种静态特征是指对象的结构特征。例如，任务中张三同学的学号、姓名、性别、年龄、班级等数据项，称为张三对象的属性。

对象的属性表示对象的状态。有时候，属性在程序设计中也称为成员变量。

方法是用于描述对象动态特征的行为，例如，张三对象自我介绍等行为。行为表示对象的操作，或具有的功能，因此，对象的行为也称为方法。

所以，也可以说，属性和方法是描述对象的两个要素。

2.1.3 类与对象的关系

类是对对象的抽象描述，是创建对象的模板。对象是类的实例。对象与类的关系就像基本变量与基本数据类型的关系一样。换句话说，可以将类看成数据类型，对象看成这种类型的变量。

注意：类是抽象的概念，是一种类型，比如"学生""公共汽车""书"。对象是一个能够看得到、摸得着的具体实体，如"张三同学""21路公共汽车""《水浒传》"。

2.1.4 类的定义

Java 是面向对象的语言，所有 Java 程序都以类 class 为组织单元。一个程序中至少有一个类文件。关键字 class 定义自定义类的数据类型。

（1）类的定义格式

```
[类的修饰符] class  类名 {
      //定义属性部分
       属性类型   属性名;
       ......
      //定义方法部分
       方法;
       ......
}
```

例如，Student 类的定义格式如下：

```
public class  Student  {
    //定义属性部分
    String studentNo;                //学号
     String name;                    //姓名

     ......
    //定义方法部分
    public void listen(){
       ......;                       //方法体
    }
    ......
}
```

（2）类的定义步骤

定义类分为三个步骤：定义类名、编写类的属性和编写类的方法。

① 定义类名 类名是一个名词，采用大小写字母混合的方式，每个单词的首字母大写。类名尽量使用完整单词，避免自己定义缩写。选择的类名应简洁，准确描述定义的类。如学生类的类名为 Student。

类名不能使用 Java 关键字；首字符可以是"_"或"$"，但建议不要这样；不能含空格或"."号。

② 编写类的属性 属性部分的定义与基本数据类型的变量定义相同，第一个单词的首字母小写，其后的单词首字母大写。Student 类的部分属性如下：

```
        String studentNo;               //学号
        String name;                    //姓名
```

③ 编写类的方法 方法名是一个动词+名词或代词，采用大小写混合的方式，第一个单词的首字母小写，其后单词的首字母大写。

```
public void showInfo(){
   ......;                       //方法体
}
```

（3）类的修饰符

在类的定义中，出现了 public 关键字，在 Java 语言中，我们把类似于 public 的关键字称为修饰符。类的修饰符有 public、abstract、final 等。

public 称为访问修饰符，声明的类为公共类，可以被任何类引用。

如果一个 Java 源文件中有多个类的定义，必须有一个而且只能有一个类用 public 修饰，Java 源文件名与 public 类名相同。

如果一个类没有用 public 修饰，则默认为 friendly，表示该类只能被同一个包中的类引用。

abstract 表示声明的类为抽象类，不能实例化为对象，同时也说明类中含有抽象方法。

final 表示声明的类为最终类，不允许有子类，通常是完成一个标准功能。

在类的定义中，修饰符 public 使用较多。

2.1.5　创建一个类的对象

有了类之后，接下来就是使用 new 创建类的一个对象。例如，Student 类定义后，用下面的方法创建 student 对象。

```
Student student=new Student();
```

2.1.6　使用对象

使用对象时，常常通过"."进行操作。

（1）访问对象属性

访问对象的属性，采用格式：对象名.属性。

例如，给类的属性赋值："student.name = "张三";"，给 student 对象的属性 name 赋值，值为张三。

获取类的属性值："System.out.println(student.name);"，获取到 student 对象的属性 name 值，然后在控制台输出。

（2）调用对象方法

调用对象的方法：对象名.方法名()。

例如，"student.showInfo();"，调用了 student 对象的方法。

任务拓展

① 编写一个银行卡类。

银行卡是日常生活的重要组成部分。每张银行卡信息包含账号、持卡人姓名、身份证号码、地址、存款余额。本例只要求编写一个方法 showCardInfo()，完成存款、取款、查询。

在存款操作后，显示原有余额、本次存款数额及最终存款余额；当取款操作时，显示原有余额、今日取款数额及最终存款余额。

学习笔记：

参考代码

② 程序运行结果如图 2-3 所示。

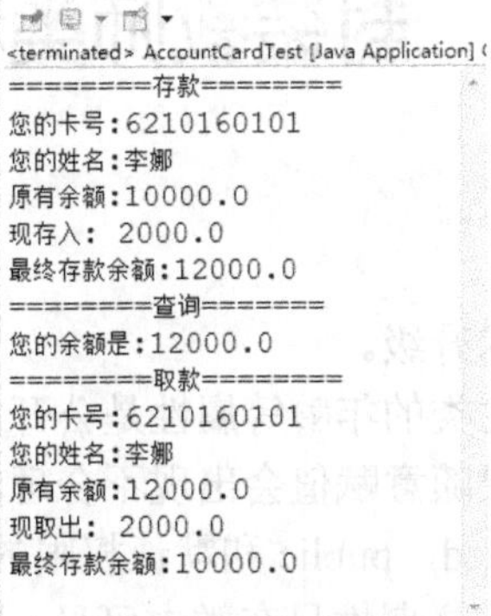

图 2-3 程序运行结果

举一反三

定义一个小汽车类，包括汽车颜色、车牌号、品牌、型号等属性，小汽车具有发动、加速、刹车等行为。（根据理解，写出案例代码）

任务 2.2　封装教师类和学生类

任务分析

教师类和学生类采用封装技术升级。

在任务 2.1 中，教师类和学生类的年龄等属性是公开的，可以随意赋值，但是在实际中年龄是有一定的取值范围的，如果随意赋值会出现不合理的问题。为了解决此问题，可以对类进行封装，通过 private、protected、public 和默认权限的控制符来实现权限的控制。这里，可以将属性均设为 private 权限，这样属性只在类内可见；再用提供 public 权限的 setter()方法和 getter()方法实现对属性的读写，在 setter()方法中对输入的属性值的范围进行判断。运行结果如图 2-4 所示。

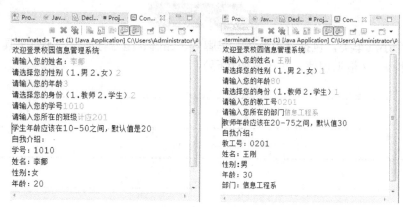

图 2-4　程序运行结果

任务实施

封装教师类，在教师类中将属性私有化，并为私有化属性提供公有的读写方法，并在方法中设置控制语句，通过控制语句限制非法值的写入。同理，封装学生类，并在测试类中测试教师类和学生类的封装效果。

① 封装教师类。

```java
package chapter022;
/**
 * 封装教师类
 */
public class Teacher {
    private String teacherNo;      //教工号
    private String name;           //姓名
    private String sex;            //性别
    private int age;               //年龄
    private String department;     //所在部门
```

```java
    public String getTeacherNo() {
        return teacherNo;
    }
    public void setTeacherNo(String teacherNo) {
        this.teacherNo=teacherNo;
    }
    public String getName() {
        return name;
    }
    public void setName(String name) {
        this.name=name;
    }
    public String getSex() {
        return sex;
    }
    public void setSex(String sex) {
        this.sex=sex;
    }
    public int getAge() {
        return age;
    }
    public void setAge(int age) {
        if(age<20 || age>75) {
            this.age=30;
            System.out.println("教师年龄应该在 20-75 之间,默认值 30");
        }else {
            this.age=age;
        }
    }
    public String getDepartment() {
        return department;
    }
    public void setDepartment(String department) {
        this.department=department;
    }
    /*
     * 输出教工信息
     */
    public void showInfo(){
        System.out.println("自我介绍:\n 教工号:"+this.teacherNo+"\n 姓名:"
            +this.name+"\n 性别:"+this.sex+"\n 年龄:"+this.age+"\n 部门:"
            +this.department);
    }
}
```

② 封装学生类。

```java
package chapter022;
/**
 * 封装学生类
 */
public class Student {
    private String studentNo;              //学号
    private String name;                   //姓名
    private String sex;                    //性别
    private int age;                       //年龄
    private String grade;                  //班级
    public String getStudentNo() {
        return studentNo;
    }
    public void setStudentNo(String studentNo) {
        this.studentNo=studentNo;
    }
    public String getName() {
        return name;
    }
    public void setName(String name) {
        this.name=name;
    }
    public String getSex() {
        return sex;
    }
    public void setSex(String sex) {
        this.sex=sex;
    }
    public int getAge() {
        return age;
    }
    public void setAge(int age) {
        if(age<10 || age>50) {
            this.age=20;
            System.out.println("学生年龄应该在10-50之间,默认值是20");
        }else {
            this.age=age;
        }
    }
    public String getGrade() {
        return grade;
    }
    public void setGrade(String grade) {
```

```java
        this.grade=grade;
    }
    /*
     * 输出学生信息
     */
    public void showInfo(){
        System.out.println("自我介绍:\n 学号:"+this.studentNo+"\n 姓名:"
            +this.name+"\n 性别:"+this.sex+"\n 年龄:"+this.age+"\n 班级:"
            +this.grade);
    }
}
```

③ 测试类。

```java
package chapter022;
import java.util.Scanner;
public class Test {

    /**
     * 登录系统
     */
    public static void main(String[] args) {
        Scanner input=new Scanner(System.in);
        System.out.println("欢迎登录校园信息管理系统");
        System.out.print("请输入您的姓名:");
        String name=input.next();
        System.out.print("请选择您的性别(1.男 2.女)");
        String sex;
        if(input.nextInt()==1){
            sex="男";
        }else{
            sex="女";
        }
        System.out.print("请输入您的年龄");
        int age=input.nextInt();
        System.out.print("请选择您的身份(1.教师 2.学生)");
        switch (input.nextInt()) {
        case 1:
            System.out.print("请输入您的教工号");
            String no=input.next();
            System.out.print("请输入您所在的部门");
            String dp=input.next();
            Teacher teacher=new Teacher();
            teacher.setTeacherNo(no);
            teacher.setName(name);
            teacher.setSex(sex);
            teacher.setAge(age);
            teacher.setDepartment(dp);
```

```
            teacher.showInfo();
            break;
        case 2:
            System.out.print("请输入您的学号");
            no=input.next();
            System.out.print("请输入您所在的班级");
            String grade=input.next();
            Student student=new Student();
            student.setStudentNo(no);
            student.setName(name);
            student.setSex(sex);
            student.setAge(age);
            student.setGrade(grade);
            student.showInfo();
            break;
    }
}
```

代码说明

```
private String teacherNo;  //教工号
```

封装教工号属性，将该属性定义为 private（私有的），该属性的调用仅局限在该类的内部，在类的外部该属性是不可见的。

```
public String getTeacherNo() {
    return teacherNo;
}
```

定义教工号属性的读取方法，该方法是 public（公开的），类的外部想修改教工号属性，可以通过 setter 方法获取。

```
public void setTeacherNo(String teacherNo) {
    this.teacherNo=teacherNo;
}
```

定义教工号属性的写入方法，该方法是 public（公开的），类的外部想修改教工号属性，可以通过 Setter 方法进行赋值。

```
public void setAge(int age) {
    if(age<10 || age>50) {
        this.age=20;
        System.out.println("学生年龄应该在10-50之间,默认值是20");
    }else {
        this.age=age;
    }
}
```

对年龄属性设定一个取值范围，如果输入的年龄小于 10 岁或者大于 50 岁，则给年龄赋默认值 20，如果在 10～50 岁之间，则将输入的数值赋给年龄属性。可以看出，通过在 setter()

方法中编写相应存取控制语句可以避免出现不符合需求的赋值。

✳ **技巧提示**：封装属性的快捷键是 Alt+S+R。

 知识解析

2.2.1 封装的概念

封装是面向对象的三大特性之一，就是将类的状态信息隐藏在类内部，不允许外部程序直接访问，而是通过该类提供的读写方法来实现对隐藏信息的操作和访问。

2.2.2 封装的优势

封装可以隐藏类的实现细节，让使用者只能通过程序规定的方法来访问数据，可以方便地加入存取控制语句，限制不合理操作。

2.2.3 封装的步骤

修改属性的可见性来限制对属性的访问；为每个属性创建一对赋值（setter）方法和取值（getter）方法，用于对这些属性的存取；在赋值方法中，加入对属性的存取控制语句。封装的具体实现步骤如下：

① 修改属性的访问修饰符来限制对属性的访问。例如：Teacher 类中，属性 teacherNo、name、sex、age、department 都设置为 private。

```
private String teacherNo;
private String name;
private String sex;
private int age;
private String department;
```

② 为每个私有属性创建一对赋值方法 setter()和取值方法 getter()，用于对属性的访问。例如：Teacher 类对属性 sex、age 提供的公共 setter()和 getter()方法。

```
public String getSex() {
    return sex;
}
public void setSex(String sex) {
    this.sex=sex;
}
public int getAge() {
    return age;
}
public void setAge(int age) {
    this.age=age;
}
```

③ 在 setter()和 getter()方法中，加入对属性的存取限制。例如，现在要求加入对年龄的限制，年龄小于 20 或大于 75 的赋默认值 30，则 setter()方法改为：

```
public void setAge(int age) {
    if(age<20 || age>75) {
        this.age=30;
        System.out.println("教师年龄应该在 20-75 之间,默认值 30");
    }else {
        this.age=age;
    }
}
```

2.2.4 封装属性的访问

在另一个类中要对 Teacher 类中的私有属性 sex、age 赋值，先得到 Teacher 类的实例 teacher，再通过使用 setter()方法进行。

```
teacher.setSex("女");
teacher.setAge(40);
```

想要获取私有属性 sex、age 的值，必须使用 getter()方法。

```
String sex= teacher.getSex();
int age= teacher.getAge();
```

注意：不可以直接用下面的方式访问私有属性 sex 和 age：

```
teacher.sex="女";
teacher.age=40;
String sex= teacher.sex;
String age= teacher.age;
```

2.2.5 类的访问修饰符

Java 语言中类的访问控制修饰符有 public、protected、default、private 四个。在定义类时，访问控制修饰符只能写一个。每个 Java 程序的主类都必须是 public 类，主类必须具有同文件名称相同的名称。

在类体定义时用到了类及其成员的修饰符，这些修饰符包括访问控制修饰符和类型修饰符，访问控制修饰符主要用于定义类及其成员的作用范围，可以在哪些范围内访问类及其成员。类型修饰符主要用于定义类及其成员的一些特殊性质，如是否可被修改，是属于对象还是属于类。这些修饰符中，用来修饰类的有 public、private、protected、final、static，修饰成员方法的有 public、private、protected、final、static、abstract。任何修饰符都没有使用的，属于默认修饰符。

（1）成员变量定义的类型修饰符的含义

① static：静态变量，相对于实例变量。

② final：常量，其值不能更改。

③ transient：暂时性变量，用于对象存档。

④ volatile：共享变量，用于并发线程的共享。

（2）方法定义之前的类型修饰符的含义

① static：静态方法，可通过类名直接调用。

② abstract：抽象方法，没有方法体。

③ final：最终方法，方法不能被重写。

④ native：继承其他语言的代码。

⑤ synchronized：控制多个并发线程的访问。

【例 2-1】在教师类和学生类中，分别增加两个静态常量，表示性别的取值"男"和"女"。

如果创建了很多教师或学生对象，他们的性别只能取值"男"或"女"。可以在类中定义两个常量 SEX_MALE 和 SEX_FEMALE，分别取值"男"和"女"，给教师或学生赋值时，可以直接将常量名 SEX_MALE 或 SEX_FEMALE 赋给 sex 属性。

Java 中的常量使用 final 关键字修饰，并且常量名通常都是大写。常量用来存储不变的数据，常量在程序运行过程中不会发生变化。

（1）修改学生类（在任务2.2任务实施的"封装学生类"代码中增加两条语句）

```java
package chapter022;
/**
 * 修改学生类
 */
public class Student {
    ……
    final static String SEX_MALE="男";
    final static String SEX_FEMALE="女";

        ……
}
```

（2）修改教师类（在任务2.2任务实施的"封装教师类"代码中增加两条语句）

```java
package chapter022;
/**
 * 修改教师类
 */
public class Teacher {
    ……
    final static String SEX_MALE="男";
    final static String SEX_FEMALE="女";

        ……
}
```

（3）修改测试类

```java
package chapter022;
import java.util.Scanner;
public class Test {
    /**
     * 登录系统
     */
    public static void main(String[] args) {
        ……
```

```java
String sex;
if(input.nextInt()==1){
    sex="男";
}else{
    sex="女";
}
```

修改为：

```java
int sex;
sex=input.nextInt();
```

```java
teacher.setSex(sex);
```

修改为：

```java
if(sex==1) {
teacher.setSex(Teacher.SEX_MALE);
}else{
teacher.setSex(Teacher.SEX_FEMALE);
}
```

……

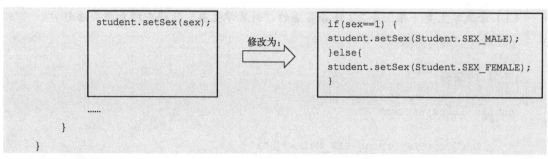

```
student.setSex(sex);
```

修改为：

```
if(sex==1) {
student.setSex(Student.SEX_MALE);
}else{
student.setSex(Student.SEX_FEMALE);
}
```

```
......
    }
}
```

2.2.6　访问权限

访问控制修饰符说明类或类的成员的可访问范围，用 public 修饰的类或成员拥有公共作用域，表明此类或类的成员可以被任何 Java 中的类所访问，有最广泛的作用范围。用 protected 修饰的变量或方法拥有受保护作用域，可以被同一个包中的所有类及其包中该类的子类所访问。用 private 修饰的变量或方法拥有私有作用域，只能在此类中访问，在其他类中，包括该类的子类中也是不允许访问的，private 是最严格的作用范围。没有任何修饰符的，拥有默认访问权限（也称友好访问权限），表明此类或类的成员可以被同一个包中的其他类访问。访问控制修饰符的访问权限比较如表 2-1 所示。

表 2-1　属性四种访问权限比较

访问控制修饰符	本类	本类所在包	其他包中的本类子类	其他包中的非子类
public	能访问	能访问	能访问	能访问
protected	能访问	能访问	能访问	不能
private	能访问	不能	不能	不能
缺省	能访问	能访问	不能	不能

成员作用范围受到类的作用范围的限制，如果一个类仅在包内可见，那么其成员即便是用 public 修饰符，也只有在同一个包内可见。

2.2.7　static 修饰符

类型修饰符用以说明类或类的成员的一些特殊性质，前面已经有了初步认识，这里主要介绍 static 修饰符。

Java 类的成员是指类中的变量和方法，根据这些成员是否使用了 static 修饰符，可以将其分为静态成员（或称类成员）和实例成员。具体地说，在一个类中，使用 static 修饰的变量和方法为静态变量（类变量）及静态方法（类方法），没有使用 static 修饰的变量和方法为实例变量及实例方法。

静态成员属于这个类而不是属于这个类的某个对象，它由这个类所创建的所有对象共同拥有。实例成员由每个对象个体独有，对象的存储空间中的确有一块空间用来存储该成员。不同的对象之间，它们的实例成员相互独立，任何一个对象改变了自己的实例成员，只会影响这个对象本身，而不会影响其他对象中的实例成员。对于实例成员，只能通过对象来访问，不能通过类名进行访问。

在静态方法中只能直接调用同类中其他的静态成员（包括变量和方法），而不能直接访问类中的非静态成员。在实例方法中，既可以访问实例成员，也可以访问静态成员。

例如：在【例 2-1】中，定义的两个常量就是静态常量，在 final 后加 static。

```
    final static String SEX_MALE="男";
    final static String SEX_FEMALE="女";
```

调用该静态常量时，使用类名调用该常量。

```
    teacher.setSex(Teacher.SEX_MALE);
```

任务拓展

封装银行卡类，设置存款余额的读写方法。

将银行卡中的账号、持卡人姓名、身份证号码、地址、存款余额五个属性进行封装。

存款余额属性是只读的，其他类只允许查看银行卡余额，不可以修改存款余额。

余额的修改只能通过存款方法（deposit）和取款方法（withdraw）修改。

① 代码如下。

a. 银行卡类。

学习笔记：

b. 测试类。

学习笔记：

参考代码

② 程序运行结果如图 2-5 所示。

```
<terminated> AccountCardTest [Java Application] C:\Use
=======存款=========
您的卡号:6210160101
您的姓名:李娜
原有余额:0.0
现存入: 10000.0
账户余额:10000.0
=======取款=========
您的卡号:6210160101
您的姓名:李娜
原有余额:10000.0
现取出: 500.0
最终余额:9500.0
```

图 2-5 程序运行结果

举一反三

对小汽车的属性进行封装。（根据理解，写案例代码）

任务 2.3 升级教师类和学生类

任务 2.3 升级教
师和学生类

🖊 任务分析

使用构造方法升级教师类和学生类。在实例化教师或学生对象时直接为属性赋初值。运行结果如图 2-6 所示。

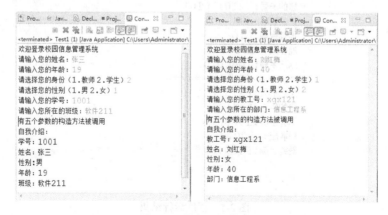

图 2-6 程序运行结果

 任务实施

在本任务实施过程中，借助构造方法重新设计教师类和学生类，在掌握构造方法定义的同时体验通过构造方法创建对象的优势。

① 使用构造方法升级教师类。

```java
package chapter23;
/**
 * 使用构造方法设计教师类
 */
public class Teacher {
    private String teacherNo;        //教工号
    private String name;             //姓名
    private String sex;              //性别
    private int age;                 //年龄
    private String department;       //所在部门
    final static String SEX_MALE="男";
    final static String SEX_FEMALE="女";
    //无参构造方法
    public Teacher() {
        System.out.println("无参构造方法被调用");
    }
    //有两个参数的构造方法
    public Teacher(String teacherNo,String name) {
        System.out.println("有两个参数的构造方法被调用");
        this.teacherNo=teacherNo;
        this.name=name;
    }
    //有五个参数的构造方法
    public Teacher(String teacherNo,String name,String sex,int age,
                String department) {
        System.out.println("有五个参数的构造方法被调用");
        this.teacherNo=teacherNo;
        this.name=name;
        this.sex=sex;
        this.age=age;
        this.department=department;
    }
    public String getTeacherNo() {
        return teacherNo;
    }
    public void setTeacherNo(String teacherNo) {
        this.teacherNo=teacherNo;
    }
```

```java
    public String getName() {
        return name;
    }
    public void setName(String name) {
        this.name=name;
    }
    public String getSex() {
        return sex;
    }
    public void setSex(String sex) {
        this.sex=sex;
    }
    public int getAge() {
        return age;
    }
    public void setAge(int age) {
        if(age<20 || age>75) {
            this.age=30;
            System.out.println("教师年龄应该在 20-75 之间,默认值 30");
        }else {
            this.age=age;
        }
    }
    public String getDepartment() {
        return department;
    }
    public void setDepartment(String department) {
        this.department=department;
    }
    /*
     * 输出教工信息
     */
    public void showInfo(){
        System.out.println("自我介绍:\n 教工号:"+this.teacherNo+"\n 姓名:"
            +this.name+"\n 性别:"+this.sex+"\n 年龄:"+this.age+"\n 部门:"
            +this.department);
    }
}
```

② 使用构造方法升级学生类。

```java
package chapter23;
/**
 * 使用构造方法设计学生类
 */
```

```java
public class Student {
    private String studentNo;          //学号
    private String name;               //姓名
    private String sex;                //性别
    private int age;                   //年龄
    private String grade;              //班级
    final static String SEX_MALE="男";
    final static String SEX_FEMALE="女";
    //无参构造方法
    public Student() {
        System.out.println("无参构造方法被调用");
    }
    //有两个参数的构造方法
    public Student(String studentNo,String name) {
        System.out.println("有两个参数的构造方法被调用");
        this.studentNo=studentNo;
        this.name=name;
    }
    //有五个参数的构造方法
    public Student(String studentNo,String name,String sex,int age,
                   String grade) {
        System.out.println("有五个参数的构造方法被调用");
        this.studentNo=studentNo;
        this.name=name;
        this.sex=sex;
        this.age=age;
        this.grade=grade;
    }
    public String getStudentNo() {
        return studentNo;
    }
    public void setStudentNo(String studentNo) {
        this.studentNo=studentNo;
    }
    public String getName() {
        return name;
    }
    public void setName(String name) {
        this.name=name;
    }
    public String getSex() {
        return sex;
    }
    public void setSex(String sex) {
```

```
        this.sex=sex;
    }
    public int getAge() {
        return age;
    }
    public void setAge(int age) {
        if(age<10 || age>50) {
            this.age=20;
            System.out.println("学生年龄应该在 10-50 之间,默认值是 20");
        }else {
            this.age=age;
        }
    }
    public String getGrade() {
        return grade;
    }
    public void setGrade(String grade) {
        this.grade=grade;
    }
    /*
     * 输出学生信息
     */
    public void showInfo(){
        System.out.println("自我介绍:\n 学号:"+this.studentNo+"\n 姓名:"
            +this.name+"\n 性别:"+this.sex+"\n 年龄:"+this.age+"\n 班级:"
            +this.grade);
    }
}
```

③ 测试类。

```
package chapter23;
import java.util.Scanner;
public class Test1 {
    /**
     * 登录系统
     */
    public static void main(String[] args) {
        Scanner input=new Scanner(System.in);
        System.out.println("欢迎登录校园信息管理系统");
        System.out.print("请输入您的姓名:");
        String name=input.next();
        String sex;
        System.out.print("请输入您的年龄:");
        int age=input.nextInt();
        System.out.print("请选择您的身份(1.教师 2.学生)");
```

```
        switch (input.nextInt()) {
        case 1:
            System.out.print("请选择您的性别(1.男 2.女)");
            if(input.nextInt()==1) {
                sex=Teacher.SEX_MALE;
            }else {
                sex=Teacher.SEX_FEMALE;
            }
            System.out.print("请输入您的教工号:");
            String no=input.next();
            System.out.print("请输入您所在的部门:");
            String dp=input.next();
            Teacher teacher=new Teacher(no,name,sex,age,dp);
            teacher.showInfo();
            break;
        case 2:
            System.out.print("请选择您的性别(1.男 2.女)");
            if(input.nextInt()==1) {
                sex=Student.SEX_MALE;
            }else {
                sex=Student.SEX_FEMALE;
            }
            System.out.print("请输入您的学号:");
            no=input.next();
            System.out.print("请输入您所在的班级:");
            String grade=input.next();
            Student student=new Student(no,name,sex,age,grade);
            student.showInfo();
            break;
        }
    }
}
```

代码说明

```
//无参构造方法
public Teacher() {
    System.out.println("无参构造方法被调用");
}
```

定义一个无参构造方法，构造方法名和类名相同，不需要写方法返回值，方法没有参数。

```
//有两个参数的构造方法
public Teacher(String teacherNo,String name) {
    System.out.println("有两个参数的构造方法被调用");
    this.teacherNo=teacherNo;
    this.name=name;
}
//有五个参数的构造方法
```

```
public Teacher(String teacherNo,String name,String sex,int age,String
             department) {
    System.out.println("有五个参数的构造方法被调用");
    this.teacherNo=teacherNo;
    this.name=name;
    this.sex=sex;
    this.age=age;
    this.department=department;
}
```

定义有两个参数和五个参数的构造方法，三个构造方法构成了构造方法的重载。

```
Teacher teacher=new Teacher(no,name,sex,age,dp);
```

调用带有五个参数的构造方法，在实例化对象的时候可以给对象的属性赋初值。

知识解析

2.3.1 方法的重载

Java 语言中，同一个类中的两个或者两个以上的方法可以有同一个名称，只要它们的参数声明不同即可。这就是方法的重载（Overloaded）。假设要在程序中实现一个对数字求和的方法，由于参与求和数字的个数和类型都不确定，因此要针对不同的情况去设计不同的方法。例如，想实现对两个整数相加、三个整数相加以及对两个小数相加的功能，如果针对每一种求和的情况定义一个方法，那么每个方法的名称都不相同，在调用时很难区分哪种情况调用哪个方法。这时就可以使用方法的重载来解决。方法重载使用如下所示。

```
public static int add(int a,int b)
public static int add(int a,int b,int c)
public static double add(double a,double b)
```

当一个重载方法被调用时，Java 用参数的类型和数量来表明实际调用的重载方法的版本。因此，每个重载方法的参数的类型和数量必须是不同的。返回值类型不能用来区分重载的方法。当 Java 调用一个重载方法时，参数与调用参数匹配的方法被执行。

【例 2-2】使用方法重载实现不同参数的求和功能。

```
package chapter02;
public class AddMethod {
    /*
     * 使用方法重载实现不同参数求和
     */
    public static void main(String[] args) {
        int sum1=add(10,15);
        int sum2=add(5,10,15);
        double sum3=add(3.7,4.9);
        System.out.println("sum1="+sum1);
        System.out.println("sum2="+sum2);
        System.out.println("sum3="+sum3);
    }
    public static int add(int a,int b) {
        return a+b;
```

```
    }
    public static int add(int a,int b,int c) {
        return a+b+c;
    }
    public static double add(double a,double b) {
        return a+b;
    }
}
```

2.3.2 构造方法

Java 中的每个类都有构造方法，它是一种特殊的方法，构造方法的名称与类名完全相同，创建对象时调用的方法就是构造方法，当类实例化一个对象时，类会自动调用构造方法。构造方法需要满足以下三个条件：

① 方法名与类名相同。

② 在方法名的前面没有返回值类型的声明。

③ 在方法中不能使用 return 语句返回一个值。

【例 2-3】无参构造方法的定义与使用。

```
package chapter23;
public class Person {
    //定义类的无参构造方法
    public Person() {
        System.out.println("无参构造方法被调用");
    }
}
public class TestPerson {
    public static void main(String[] args) {
        Person p=new Person();    //实例化 Person 对象
    }
}
```

运行结果如图 2-7 所示。

在该例中，Person 类定义了一个无参构造方法 Person()。从运行结果可以看出，程序运行"new Person()"语句的时候调用了该构造方法，并且还实例化了 Person 对象。

图 2-7 程序运行结果

提示：在 Java 中的每个类都至少有一个构造方法，如果在一个类中没有定义构造方法，系统会自动为这个类分配一个默认的无参构造方法。该方法的方法体中没有任何代码，即什么也不做，只是能够实例化一个对象。如果用户一旦自定义了构造方法，系统则收回分配的无参构造方法。

下面的程序中 Person 类的两种写法效果是完全一样的。

第一种写法：

```
public class Person {
    public Person() {
    }
}
```

第二种写法：

```
public class Person {
}
```

2.3.3 构造方法的重载

与普通方法一样，构造方法也可以重载，在一个类中可以定义多个构造方法，只要每个构造方法的参数类型和参数个数不同即可。在创建对象时，可以通过调用不同的构造方法为不同的属性赋值。

【例 2-4】构造方法的重载实例。

```
package chapter23;
public class Person {
    String name;
    int age;
    //定义无参构造方法
    public Person() {
    }
    //定义一个参数的构造方法
    public Person(String name) {
        this.name=name;   //为 name 属性赋值
    }
    //定义两个参数的构造方法
    public Person(String name,int age) {
        this.name=name;   //为 name 属性赋值
        this.age=age;     //为 age 属性赋值
    }
    public void showInfo() {
        System.out.println("自我介绍\n 姓名:"+this.name+"\n 年龄"+this.age);
    }
}
public class TestPerson {
    public static void main(String[] args) {
        Person p1=new Person();    //实例化 Person 对象
        Person p2=new Person("张三");
        Person p3=new Person("李四", 20);
        p1.showInfo();
        p2.showInfo();
        p3.showInfo();
    }
}
```

运行结果如图 2-8 所示。

该例中 Person 类定义了三个构造方法，它们构成了重载，在创建对象 p1、p2、p3 时，根据传入的参数不同，分别调用不同的构造方法。

2.3.4 this 关键字

使用 this 关键字来访问本类中的成员变量和方法。使用 this 关键字语句的格式如下。

```
this.成员变量名;
this.方法名(参数列表);
```

this 代表引用自身对象，在程序中有三种常见的用法，具体如下：

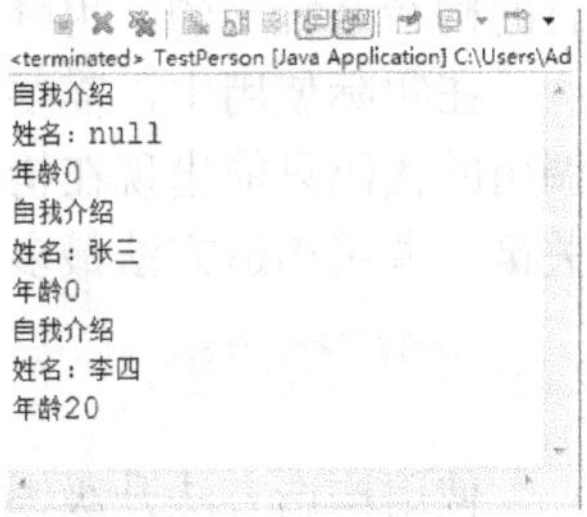

① 通过 this 关键字可以明确地访问一个类的成员变量，可以解决与局部变量名冲突的问题。例如上例中的语句：

```
this.name=name;
```

图 2-8 程序运行结果

在这条语句中，"this.name" 表示当前类中的成员变量 name，而 "name" 则是构造方法中的参数，它是一个局部变量。在一个方法中，如果没有和成员变量同名的局部变量，则成员变量前面的 this 可以省略。

② 通过 this 关键字调用成员方法，具体示例如下：

```
public class Person {
    public void smile() {
        ……
    }
    public void showInfo() {
        this.smile();
    }
}
```

在上面的 showInfo()方法中，使用 this 关键字调用 smile()方法。这里，this 关键字可以省略不写，效果完全一样。

③ 通过 this 关键字在自身构造方法内部引用其他构造方法。在一个类的构造方法内部，也可以使用 this 关键字引用其他构造方法。这样可以降低代码的重复性，也可以使所有的构造方法保持一致，方便以后的代码修改和维护，也方便代码阅读。具体实例如下：

```
public class Person {
    String name;
    int age;
    public Person() {
    }
    public Person(String name) {
        this.name=name;
    }
    public Person(String name,int age) {
        this (name);
        this.age=age;
    }
}
```

在带有两个参数的构造方法内部，使用 this 调用了另一个带有一个参数的构造方法，其中 name 是根据需要传递的参数的值。当一个类内部的构造方法比较多时，可以只书写一个构造方法的内部功能代码，然后其他构造方法都通过调用该构造方法实现，这样既保证了所有的构造是统一的，也降低了代码的重复性。

在实际使用中，需要注意的是，在构造方法内部使用 this 关键字调用其他构造方法时，调用的代码只能出现在构造方法内部的第一行可执行代码中。这样，在构造方法内部使用 this 关键字调用构造方法最多会出现一次。

任务拓展

使用构造方法升级银行卡类，创建银行卡账号时直接对银行卡属性赋初值，在实例化银行卡时，系统自动为用户分配一个五位的银行卡账号。

① 代码如下。

参考代码

学习笔记：

② 程序运行结果如图 2-9 所示。

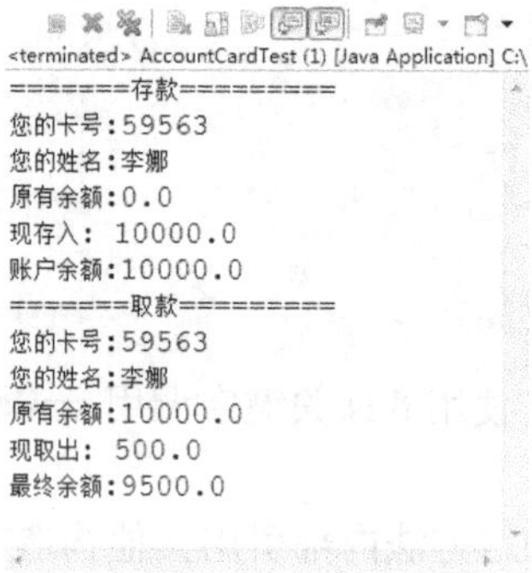

```
<terminated> AccountCardTest (1) [Java Application] C:\
=======存款=========
您的卡号:59563
您的姓名:李娜
原有余额:0.0
现存入：10000.0
账户余额:10000.0
=======取款=========
您的卡号:59563
您的姓名:李娜
原有余额:10000.0
现取出：500.0
最终余额:9500.0
```

图 2-9　程序运行结果

举一反三

为小汽车类分别定义一个有参构造方法和一个无参构造方法。（根据理解，写出案例代码）

任务 2.4 优化教师类和学生类

任务 2.4 优化教师和学生类

任务分析

使用面向对象的三大特性之一继承将教师类和学生类的公共属性和方法提取出来,形成一个父类 Person.java,教师类和学生类分别继承 Person 类,通过继承优化代码结构,提升代码的简洁度和复用性,运行结果如图 2-10 所示。

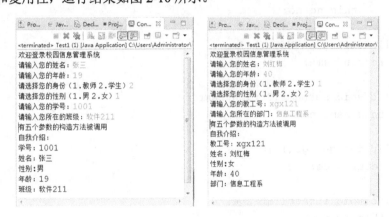

图 2-10 程序运行结果

任务实施

在本任务中将管理员类、教师类、学生类中共有的属性和方法提取出,使用继承特性构造人员父类,通过继承思想优化教师类及学生类。

① 通过继承的形式创建人员父类。

```java
package demo1;
public class Person {
    private String no;          //人员编号
    private String name;        //人员姓名
    private int age;            //人员年龄
    private String sex;         //人员性别
    /**
     * 父类无参构造方法
     */
    public Person() {
    }
    /**
     * 父类有参构造方法
     */
    public Person(String name) {
        this.name=name;
    }
```

```java
    public Person(String no,String name,int age,String sex) {
        this.no=no;
        this.name=name;
        this.age=age;
        this.sex=sex;
    }
    public String getNo() {
            return no;
    }
    public void setNo(String no) {
            this.no=no;
}
    public String getName() {
        return name;
    }
    public void setName(String name) {
        this.name=name;
    }
    public int getAge() {
        return age;
    }
    public void setAge(int age) {
        this.age=age;
    }
    public String getSex() {
        return sex;
    }
    public void setSex(String sex) {
        this.sex=sex;
    }
    public void showInfo(){
        System.out.println("人员编号"+"\t"+"人员姓名"+"\t"+"人员年龄");
        System.out.println(getNo()+"\t"+getName()+"\t"+getAge());
    }
}
```

② 通过继承的形式创建学生类。

```java
package demo1;
public class Student extends Person {
    private String major;//学生专业
    /**
     * 子类构造方法
     */
    public Student(String no,String name,int age,String sex,String major){
        super(no,name,age,sex);
        this.major=major;
    }
```

```
    public String getMajor() {
        return major;
    }
    public void setMajor(String major) {
        this.major=major;
    }
    /**
     * 学生信息显示方法
     */
    public void showInfo(){
        System.out.println("学生姓名"+"\t"+"学生年龄"+"\t"+"学生专业");
        System.out.println(super.getName()+"\t"+super.getAge()+"\t"+major);
    }
}
```

③ 通过继承的形式创建教师类。

```
package demo1;
public class Teacher extends Person{
    private String department;//教师所在系部
    /**
     * 子类构造方法
     */
    public Teacher(String name,String department){
        super(name);
        this.department=department;
    }
    public Teacher(String no,String name,String sex,int age,String
    department) {
            super(no,name,age,sex);
            this.department=department;
        }
    /**
     * 教师信息显示方法
     */
    public void showInfo(){
        System.out.println("教师姓名"+"\t"+"\t"+"教师所在系部");
        System.out.println(super.getName()+"\t"+department);
    }
    public String getDepartment() {
        return department;
    }
    public void setDepartment(String department) {
        this.department=department;
    }
}
```

④ 测试类。

```java
package demo1;
import java.util.Scanner;
public class PersonTest {
    public static void main(String[] args) {
        Scanner input=new Scanner(System.in);
        System.out.println("欢迎登录校园信息管理系统");
        System.out.print("请输入您的姓名:");
        String name=input.next();
        String sex;
        System.out.print("请输入您的年龄:");
        int age=input.nextInt();
        System.out.print("请选择您的身份(1.教师 2.学生)");
        switch (input.nextInt()){
        case 1:
            System.out.print("请选择您的性别(1.男 2.女)");
            sex=input.next();
            System.out.print("请输入您的教工号:");
            String no=input.next();
            System.out.print("请输入您所在的部门:");
            String dp=input.next();
            Teacher teacher=new Teacher(no,name,sex,age,dp);
            teacher.showInfo();
            break;
        case 2:
            System.out.print("请选择您的性别(1.男 2.女)");
            sex=input.next();
            System.out.print("请输入您的学号:");
            no=input.next();
            System.out.print("请输入您所在的班级:");
            String grade=input.next();
            Student student=new Student(no,name,age,sex,grade);
            student.showInfo();
            break;
        }
    }
}
```

代码说明

```java
public class Person {
    private String no;           //人员编号
    private String name;         //人员姓名
    private int age;             //人员年龄
```

```
    private String sex;              //人员性别
    public void showInfo(){
        System.out.println("学生姓名"+"\t"+"学生年龄"+"\t"+"学生专业");
        System.out.println(super.getName()+"\t"+super.getAge()+"\t"+major);
    }
    ......
}
```

因教师类和学生类的代码中有许多重复项，代码量臃肿，维护性不高，所以将两个类的共用项提取到一个类中进行声明，以此类作为父类，教师类和学生类继承父类中的属性和方法，节约子类属性和方法代码。

```
public class Student extends Person {}
```

Student 类继承 Person 类需要通过 extends 关键字来申明。

```
private String major;//学生专业
```

子类在继承父类属性的同时也可以定义自身的属性，如声明自身的属性 major。

```
super(no,name,age,sex);
```

父类的构造方法不能被继承，可以通过 super 关键字调用，在通过 super 关键字调用父类的构造方法时，super 语句只能放置在构造方法方法体的第一条语句位置。

```
public void showInfo(){
    super.showInfo();
    System.out.println("学生姓名"+"\t"+"学生年龄"+"\t"+"学生专业");
    System.out.println(super.getName()+"\t"+super.getAge()+"\t"+major);
}
```

super 除可以调用构造方法外，还可以调用父类的非私有属性和非私有方法。也可以重写父类的非私有方法，使其具有自身的功能。

📚 知识解析

2.4.1 继承

多个类具有相同代码，导致代码量大且臃肿，维护性不高（后期需要修改的时候，需要修改很多的代码，容易出错），所以要从根本上解决上述问题，就需要继承，继承是面向对象程序开发的三大特性之一。

继承就是子类继承父类的特征和行为，使得子类对象（实例）具有父类的实例域和方法，或子类从父类继承方法，使得子类具有与父类相同的行为。所以继承需要符合的关系是：is-a，父类更通用，子类更具体。子类会具有父类的一般特性，也会具有自身的特性。子类继承父类通过 extends 关键字来进行申明，通过 super 关键字来实现对父类属性和方法的访问，用来引用当前对象的父类。形式如下：

```
public class Students extends Person {
    super.属性
    super.方法
}
```

Java 不支持多继承，但支持多重继承，如图 2-11 所示。

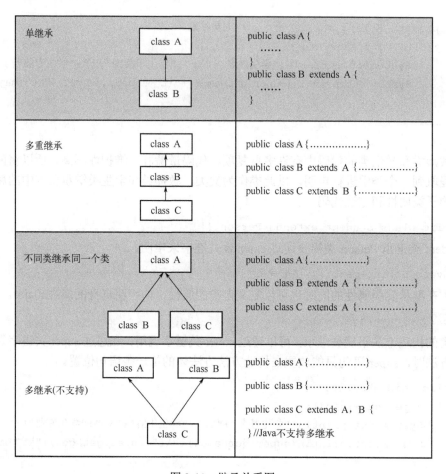

图 2-11　继承关系图

2.4.2　继承的特性

① 子类拥有父类非 private 的属性、方法。

② 子类可以拥有自己的属性和方法，即子类可以对父类进行扩展。

③ 子类可以用自己的方式实现父类的方法。

④ Java 的继承是单继承，但是可以多重继承，单继承就是一个子类只能继承一个父类，多重继承就是，例如 B 类继承 A 类，C 类继承 B 类，所以按照关系就是 B 类是 C 类的父类，A 类是 B 类的父类。

⑤ 提高了类之间的耦合性（继承的缺点，耦合度高就会造成代码之间的联系越紧密，代码独立性越差）。

2.4.3　方法的重写

重写是子类对父类允许访问的方法在返回值和形参都不能改变的前提下，对方法体进行重新编写。即外壳不变，内核重写！

重写的好处在于子类可以根据需要，定义特定于自己的行为。也就是说子类能够根据需要实现父类的方法。

重写方法不能抛出新的检查异常或者比被重写方法声明更加宽泛的异常。

访问权限不能比父类中被重写的方法的访问权限更低。例如：如果父类的一个方法被声明为 public，那么在子类中重写该方法就不能声明为 protected。声明为 final 的方法不能被重写。声明为 static 的方法不能被重写，但是能够被再次声明。子类和父类在同一个包中，那么子类可以重写父类的所有方法，除了声明为 private 和 final 的方法。子类和父类不在同一个包中，那么子类只能够重写父类的声明为 public 和 protected 的非 final 方法。构造方法不能被重写。

重写与重载之间的区别见表 2-2、表 2-3。

表 2-2　重写与重载之间的区别（一）

区别点	重载方法	重写方法
参数列表	必须修改	一定不能修改
返回类型	可以修改	一定不能修改
异常	可以修改	可以减少或删除，一定不能抛出新的或者更广的异常
访问	可以修改	一定不能做更严格的限制（可以降低限制）

表 2-3　重写与重载之间的区别（二）

类型	位置	方法名	参数表	返回值	访问修饰符
方法重写	子类	相同	相同	相同或是其子类	不能比父类更严格
方法重载	同类	相同	不相同	无关	无关

任务拓展

使用继承思想编写卡车类和轿车类，卡车类具有车牌、吨位、油量及车损度属性，轿车类具有车牌、品牌、油量及车损度属性。

① 代码如下。

机动车类

参考代码

学习笔记：_____

_____

_____

_____

卡车类

参考代码

学习笔记：_____

_____

_____

_____

轿车类

参考代码

学习笔记：_____

_____

_____

_____

测试类

参考代码

学习笔记：

② 程序运行结果如图 2-12 所示。

```
<terminated> Test [Java Application] C:\Program Files\Java\jre1.8.0_60\bin\javaw.exe
请输入所租轿车名字：
京NNN3284
请输入轿车的品牌：
长城
显示车量信息：
车辆名称为：京NNN3284油量是：20车损度为：0
品牌：长城
```

图 2-12　程序运行结果

举一反三

以继承的思想编写 Dog 类和 Cat 类，Dog 类具有名称、品种、健康值及亲密度属性，Cat 类具有名称、颜色、健康值及亲密度属性。（根据理解，写出案例代码）

任务 2.5　开发管理员类

任务 2.5　开发
管理员类

 任务分析

结合任务 2.4 中案例的功能，增加一个管理员类模拟实现登录和增加人员信息的功能。在上一个案例中通过继承优化了教师类和学生类代码结构，但在子类重写父类的 showInfo 时，存在着父类方法体没有实际意义，每个子类都需要根据自己的特性进行重写的问题，针对这类问题可以使用抽象类进行设计和声明，运行结果如图 2-13 所示。

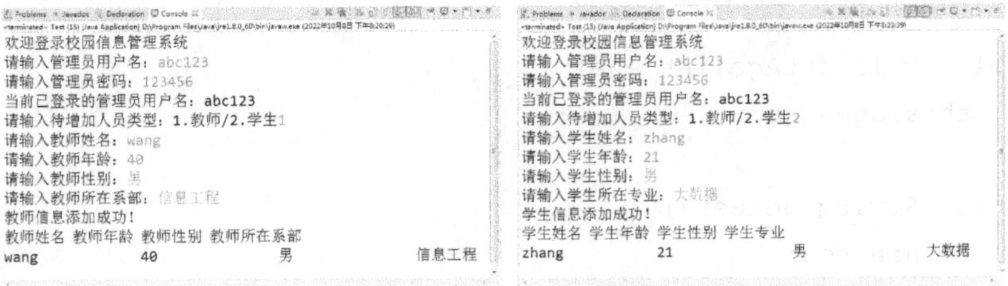

图 2-13　程序运行结果

任务实施

在本任务中继续优化人员父类，将父类中的信息显示方法定义为抽象方法，同时将父类定义为抽象类。通过创建管理员类继承父类，实现学生对象与教师对象的添加功能，并重写父类中的抽象方法，在学生类与教师类中重写父类中的抽象方法。

① 将人员父类定义为抽象类。

```java
package demo3;
public abstract class Person {
    private String name;            //人员姓名
    private int age;                //人员年龄
    private String sex;             //人员性别
    /**
     * 父类无参构造方法
     */
    public Person() {
    }
    public Person(String name) {
        this.name=name;
    }
    /**
     * 父类有参构造方法
     */
    public Person(String name,int age,String sex) {
        this.name=name;
```

```
        this.age=age;
        this.sex=sex;
    }
    public String getName() {
        return name;
    }
    public void setName(String name) {
        this.name=name;
    }
    public int getAge() {
        return age;
    }
    public void setAge(int age) {
        this.age=age;
    }
    public String getSex() {
        return sex;
    }
    public void setSex(String sex) {
        this.sex=sex;
    }
    /**
     * 父类信息显示抽象方法
     */
    public abstract void showInfo();
}
```

② 通过继承的形式创建管理员类。

```
package demo3;
public class Manager extends Person {
    String username;
    String password;
    public Manager(String username,String password) {
        this.username=username;
        this.password=password;
    }
    public Manager(String name, int age, String sex,String username,String
                password) {
        super(name, age, sex);
    }
    public void addPerson(Teacher teacher) {
        System.out.println("教师信息添加成功!");
        teacher.showInfo();
    }
```

```
public void addPerson(Student student) {
    System.out.println("学生信息添加成功!");
    student.showInfo();
}
@Override
public void showInfo() {
    System.out.println("当前已登录的管理员用户名:"+username);
}
}
```

③ 通过继承的形式创建学生类。

```
package demo3;
public class Student extends Person {
    private String major;//学生专业
    /**
     * 子类构造方法
     */
    public Student(String name,String major){
        super(name);
        this.major=major;
    }
    public Student(String name,int age,String sex,String major){
        super(name,age,sex);
        this.major=major;
    }
    public String getMajor() {
        return major;
    }
    public void setMajor(String major) {
        this.major=major;
    }
    /**
     * 重写学生信息显示方法
     */
    @Override
    public void showInfo(){
        System.out.println("学生姓名"+"\t"+"学生年龄"+"\t"+"学生性别"+"\t"+"学
                            生专业");
        System.out.println(super.getName()+"\t\t"+super.getAge()+"\t\t"+
                            super.get Sex()+"\t\t"+major);
    }
}
```

④ 通过继承的形式创建教师类。

```
package demo3;
public class Teacher extends Person{
    private String department;            //教师所在系部
```

```
    /**
     * 子类构造方法
     */
    public Teacher(String name,String department){
        super(name);
        this.department=department;
    }
    public Teacher(String name,int age,String sex,String department){
        super(name,age,sex);
        this.department=department;
    }
    /**
     * 重写教师信息显示方法
     */
    @Override
    public void showInfo(){
        System.out.println("教师姓名"+"\t"+"教师年龄"+"\t"+
                            "教师性别"+"\t"+"教师所在系部");
        System.out.println(getName()+"\t\t"+getAge()+"\t\t"+getSex()+
                            "\t\t"+department);

    }
}
```

⑤ 测试类。

```
package demo3;
import java.util.Scanner;
public class PersonTest {
    public static void main(String[] args) {
        System.out.println("欢迎登录校园信息管理系统");
        Scanner input=new Scanner(System.in);
        System.out.print("请输入管理员用户名:");
        String username=input.next();
        System.out.print("请输入管理员密码:");
        String password=input.next();
        if(username.equals("abc123")&&password.equals("123456")) {
            Manager manager=new Manager(username, password);
            manager.showInfo();
            System.out.print("请输入待增加人员类型:1.教师/2.学生");
            int type=input.nextInt();
            switch (type) {
            case 1:
                System.out.print("请输入教师姓名:");
                String tname=input.next();
                System.out.print("请输入教师年龄:");
```

```
            int tage=input.nextInt();
            System.out.print("请输入教师性别:");
            String tsex=input.next();
            System.out.print("请输入教师所在系部:");
            String department=input.next();
            Teacher teacher=new Teacher(tname, tage, tsex, department);
            manager.addPerson(teacher);
            break;
        case 2:
            System.out.print("请输入学生姓名:");
            String sname=input.next();
            System.out.print("请输入学生年龄:");
            int sage=input.nextInt();
            System.out.print("请输入学生性别:");
            String ssex=input.next();
            System.out.print("请输入学生所在专业:");
            String major=input.next();
            Student student=new Student(sname, sage, ssex, major);
            manager.addPerson(student);
            break;
        default:
            System.out.println("输入错误");
        }
    }else {
        System.out.println("用户名或密码输入不正确!");
    }
    }
}
```

代码说明

```
public abstract class Person { }
```
将 Person 父类声明为 abstract 抽象类。

```
public abstract void showInfo () ;
```
将父类中的人员信息显示方法声明为抽象方法，该方法没有方法体，子类继承抽象父类后，必须重写该方法。

```
public abstract void showInfo () { }
```
当前案例中的三个子类都需要对 showInfo()父类的抽象方法体进行重写。

```
@Override
```
Java 注解（Annotation）是 JDK5.0 引入的一种注释机制，类、方法、变量、参数和包等都可以被标注，与注释不同，在 Java 虚拟机编译文件时，标注内容会嵌入字节码中，在运行时可以获取到注解内容。@Override 是原生注解中的一个，表示为方法重写，开发平台可自动添加也可不写。

 知识解析

2.5.1   抽象类

面向对象程序开发中分析事物时，发现了共性内容，就出现向上抽取，形成继承关系，但一个类没有足够的信息描述具体的对象，这样的类就是抽象类。如父类和子类方法功能声明相同，但方法体不同。那么这时也可以抽取，但只抽取方法声明，不抽取方法体，子类根据自身特性重写方法体，那么此方法就是一个抽象方法。抽象类的声明更注重共性内容上的设计思想。

2.5.2   抽象类特点

① 抽象类不能实例化对象，所以抽象类必须被继承，才能使用。

② 抽象类和抽象方法必须使用 abstract 关键字进行修饰，抽象方法所在的类必须是抽象类，抽象类可以没有抽象方法。

③ 抽象方法只需声明，不需实现，抽象类子类必须重写所有的抽象方法，这样子类才能被实例化，否则该子类还是抽象类。

任务拓展

利用继承思想创建 Java 工程师类和 Android 工程师，并补充空缺代码。

① 代码如下。

工程师抽象类

参考代码

学习笔记：

Java 工程师子类

参考代码

学习笔记：

Android 工程师子类

参考代码

学习笔记：

测试类

参考代码

学习笔记：

----

② 程序运行结果如图 2-14 所示。

Problems @ Javadoc @ Declaration ⊨ Progress ⓔ Console ⊠

<terminated> EngineerTest [Java Application] C:\Program Files\Java\jre1.8.0_60\bin\javaw.exe (2022年2
员工编号为1001的Java工程师小明,正在开发Web项目
员工编号为2001的Android工程师小贝,正在开发手机APP

图 2-14　程序运行结果

举一反三

在扩展任务基础上,增加 C#工程师。(根据理解,写出案例代码)

任务 2.6　开发教学督导功能

任务 2.6　开发教学
督导功能

任务分析

　　结合任务 2.5 中案例的功能增加教学督导查看教师、学生课表和进行听评课的功能。在抽象案例的测试类中 manager 对象在分支结构中调用 addPerson()方法,每个分支都引入了一个不同的对象参数,可以通过面向对象三大特性之一的多态进行优化,运行结果如图 2-15 所示。

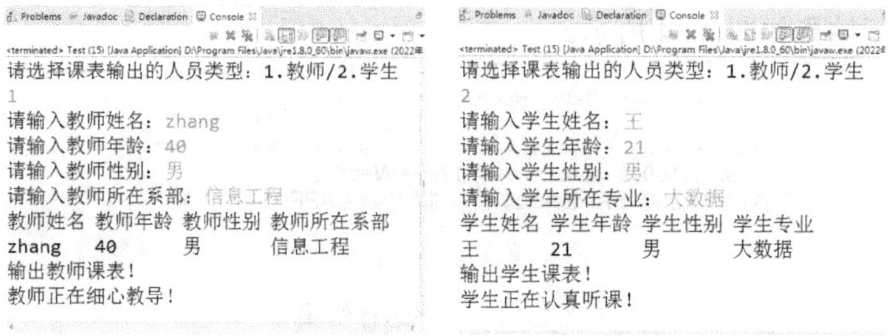

图 2-15　程序运行结果

任务实施

在本任务实施过程中，首先使用继承特性构造人员父类，同时声明该类为抽象类，并在类中增加课表输出 timetable() 抽象方法，然后创建督导类，通过父类作为方法形参实现不同人员的课表打印功能及听评课功能。

① 通过继承的形式创建人员父类，并将父类定义为抽象类。

```java
package demo4;
public abstract class Person_{
    private String name;              //人员姓名
    private int age;                  //人员年龄
    private String sex;               //人员性别
    /**
     * 父类无参构造方法
     */
    public Person() {
    }
    /**
     * 父类有参构造方法
     */
    public Person(String name) {
        this.name=name;
    }
    public Person(String name,int age,String sex) {
        this.name=name;
        this.age=age;
        this.sex=sex;
    }
    public String getName() {
        return name;
    }
    public void setName(String name) {
        this.name=name;
    }
    public int getAge() {
```

```
        return age;
    }
    public void setAge(int age) {
        this.age=age;
    }
    public String getSex() {
        return sex;
    }
    public void setSex(String sex) {
        this.sex=sex;
    }
    /**
     * 父类信息显示抽象方法
     */
    public abstract void showInfo();
    public abstract void timetable();
}
```

② 通过多态的形式创建督导类。

```
package demo4;
import demo4.Student;
import demo4.Teacher;
public class GaoJiaoShi {
    /*
     * 查看课表和描述听评课的方法
     */
    public void findTimetable(Person person) {
        person.timetable();
        if(person instanceof Teacher) {
            Teacher teacher=(Teacher)person;
            teacher.teaching();
        }else {
            Student student=(Student)person;
            student.studying();
        }
    }
}
```

③ 通过继承的形式创建学生类。

```
package demo4;
public class Student extends Person {
    private String major;//学生专业
    /**
     * 子类构造方法
     */
```

```java
    public Student() {
    }
    public Student(String name,String major){
        super(name);
        this.major=major;
    }
    public Student(String name,int age,String sex,String major){
        super(name,age,sex);
        this.major=major;
    }
    public String getMajor() {
        return major;
    }
    public void setMajor(String major) {
        this.major=major;
    }
    /**
     * 重写学生信息显示方法
     */
    @Override
    public void showInfo(){
        System.out.println("学生姓名"+"\t"+"学生年龄"+"\t"+"学生性别"+"\t"+"学
                        生专业");

System.out.println(super.getName()+"\t\t"+super.getAge()+"\t\t"+super.
                get Sex()+"\t\t"+major);

    }
    /**
     * 重写学生课表输出方法
     */
    @Override
    public void timetable() {
        System.out.println("输出学生课表!");
    }
    public void studying() {
        System.out.println("学生正在认真听课!");
    }
}
```

④ 通过继承的形式创建教师类。

```java
package demo4;
public class Teacher extends Person{
    private String department;          //教师所在系部
```

```
/**
 * 子类构造方法
 */
public Teacher() {
}
public Teacher(String name,String department){
    super(name);
    this.department=department;
}
public Teacher(String name,int age,String sex,String department){
    super(name,age,sex);
    this.department=department;
}
/**
 * 重写教师信息显示方法
 */
@Override
public void showInfo(){
    System.out.println("教师姓名"+"\t"+"教师年龄"+"\t"+"教师性别"+"\t"+"教
                        师所在系部");
    System.out.println(getName()+"\t\t"+getAge()+"\t\t"+getSex()+
                        "\t\t"+department);
}
/**
 * 重写教师课表输出方法
 */
@Override
public void timetable() {
    System.out.println("输出教师课表!");
}
public void teaching() {
    System.out.println("教师正在细心教导!");
}
}
```

⑤ 测试类。

```
package demo4;
import java.util.Scanner;
import demo4.Person;
import demo4.Student;
import demo4.Teacher;
public class PersonTest {
    public static void main(String[] args) {
        GaoJiaoShi gjs=new GaoJiaoShi();
        Person person=null;
        Scanner sc=new Scanner(System.in);
```

```
            System.out.println("请选择课表输出的人员类型:1.教师/2.学生");
            int type=sc.nextInt();
            switch (type) {
            case 1:
                System.out.print("请输入教师姓名:");
                String tname=sc.next();
                System.out.print("请输入教师年龄:");
                int tage=sc.nextInt();
                System.out.print("请输入教师性别:");
                String tsex=sc.next();
                System.out.print("请输入教师所在系部:");
                String department=sc.next();
                person=new Teacher(tname, tage, tsex, department);
                break;
            case 2:
                System.out.print("请输入学生姓名:");
                String sname=sc.next();
                System.out.print("请输入学生年龄:");
                int sage=sc.nextInt();
                System.out.print("请输入学生性别:");
                String ssex=sc.next();
                System.out.print("请输入学生所在专业:");
                String major=sc.next();
                person=new Student(sname, sage, ssex, major);
                break;
            default:
                System.out.println("输入错误");
            }
            person.showInfo();
            gjs.findTimetable(person);
        }
    }
```

代码说明

```
public void findTimetable(Person person)  { }
```
将 Person 父类（抽象类）对象以参数形式引入方法。

```
person.timetable();
```
用通用的对象参数调用各个子类的抽象方法，此通用的对象参数即为多态形式。

```
if(person instanceof Teacher)
```
if 结构条件中的 instanceof 是一个双目运算符，判断一个对象是否为一个类的实例（判断 person 是否为 Teacher 类的实例，"是"返回 true，"否"返回 false）。

```
Teacher teacher=(Teacher)person;
```
将 person 对象强制转换为 Teacher 类的对象（只有待转换的对象和类是继承或接口层次内的才可以进行转换，否则就会出现编译错误），也称之为多态中的向下转型。

```
person=new Teacher(tname, tage, tsex, department);
```

将 person 对象实例化为 Teacher 类的对象（只有待转换的对象和类是继承或接口层次内的才可以进行赋值，否则就会出现编译错误），也称之为多态中的向上转型。

```
person.showInfo();
```

父类对象调用子类方法。抽象类对象 person 原则上不能被实例化，但是在多态的形式下被赋值为子类的实例或强制转换为子类时，可以替代子类对象调用子类方法。

知识解析

2.6.1 多态

多态是具有表现多种形态（"态"是指子类和父类、接口和实现的四类状态）的能力的特征，即同一个父类或接口（引用类型），使用不同的实例而执行不同操作，也可理解为同一个行为有多个不同表现形式或形态的能力。

2.6.2 多态的实现

① 将父类对象或接口类对象以参数的形式引入方法，或将父类作为方法返回值类型，使其被赋值为不同的子类或实现类对象时具有不同的能力。

② 向上转型，子类引用对象转换为父类类型（将子类对象转换为父类对象），父类和子类也可以是接口和实现。

③ 向下转型，父类对象强制转换为子类类型（将父类对象转换为子类对象），父类和子类也可以是接口和实现。

2.6.3 多态的适用范围

① 抽象类和抽象方法。

② 重写或重载。

③ 接口。

任务拓展

使用多态实现高教研究室对不同教研室教师的评课过程。

① 代码如下。

教师抽象类
参考代码

学习笔记：

Java 教师子类
参考代码

学习笔记：

.NET 教师子类

参考代码

教学评分业务类

参考代码

测试类

参考代码

学习笔记：

学习笔记：

学习笔记：

② 程序运行结果如图 2-16 所示。

```
Problems @ Javadoc Declaration Console 
<terminated> GradeTest [Java Application] C:\Program Files
请选择听课老师：1Java/2Net
1
请输入教师姓名：
小明老师
请输入教研室名称：
软件技术专业
大家好！我是软件技术专业的小明老师
启动MyEclipse
知识点讲解
总结提问
授课中.....
请输入评课分数：
95
教师得分：95
```

图 2-16 程序运行结果

举一反三

增加高教研究室对网络教研室教师的评课过程。（根据理解，写出案例代码）

任务 2.7 开发学生选课功能

任务 2.7 开发学生
选课功能

 任务分析

结合任务 2.6 中案例的功能增加教师、学生模拟选课功能。选课功能可以作为一个独立的模块进行设计，课程数据不变，但教师类和学生类的选课方法描述各不相同，可以通过接口结构来实现，运行结果如图 2-17 所示。

Problems Javadoc Declaration Console	Problems Javadoc Declaration Console
\<terminated> PersonTest [Java Application] C:\Program Files	\<terminated> PersonTest [Java Application] C:\Program File
请输入选课人员类型：1.教师/2.学生	请输入选课人员类型：1.教师/2.学生
1	2
请输入教师姓名：	请输入学生姓名：
张老师	王同学
请输入教师所在系部	请输入学生所在专业
信息工程系	软件技术
请输入课程编号：1/2/3	请输入课程编号：1/2/3
1	2
张老师选择的讲授课程为软件工程	王同学选择选修的课程为数据结构

图 2-17 程序运行结果

任务实施

在任务实施过程中，使用继承特性构造人员父类，并将父类声明为抽象类，创建选课接口，学生类和教师类继承父类实现接口，在选课业务类中实现不同类型对象的选课过程。
① 使用继承特性构造人员父类的同时声明该类为抽象类。

```java
package demo5;
public abstract class Person_{
    private String name;              //人员姓名
    private int age;                 //人员年龄
    private String sex;              //人员性别
    /**
     * 父类无参构造方法
     */
    public Person() {
    }
    /**
     * 父类有参构造方法
     */
    public Person(String name) {
        this.name=name;
    }
    public String getName() {
        return name;
    }
}
```

```java
    public void setName(String name) {
        this.name=name;
    }
    public int getAge() {
        return age;
    }
    public void setAge(int age) {
        this.age=age;
    }
    public String getSex() {
        return sex;
    }
    public void setSex(String sex) {
        this.sex=sex;
    }
    /**
     * 父类信息显示抽象方法
     */
    public abstract void showInfo();
}
```

② 创建选课接口。

```java
package demo5;
public interface Elective {
    public final static String course1="软件工程";
    public final static String course2="数据结构";
    public final static String course3="操作系统";
    public void personEletive(int select);
}
```

③ 通过继承的形式创建学生类。

```java
package demo5;
import java.util.Scanner;
public class Student extends Person implements Elective {
    private String major;              //学生专业
    /**
     * 子类构造方法
     */
    public Student() {
        super();
    }
    public Student(String name,String major){
        super(name);
        this.major=major;
    }
    public String getMajor() {
```

```
            return major;
        }
    public void setMajor(String major) {
        this.major=major;
    }
    /**
     * 重写学生信息显示方法
     */
    @Override
    public void showInfo(){
        System.out.println("学生姓名"+"\t"+"学生年龄"+"\t"+"学生性别"+"\t"+"学
                            生专业");
    System.out.println(super.getName()+"\t"+super.getAge()+"\t"+super.get
                        Sex()+"\t"+major);
    }
    @Override
    public void personEletive(int select) {
        if(select==1) {
            System.out.println("选择选修的课程为"+course1);
        }else if(select==2) {
            System.out.println("选择选修的课程为"+course2);
        }else if(select==3) {
            System.out.println("选择选修的课程为"+course3);
        }
    }
}
```

④ 通过继承的形式创建教师类。

```
package demo5;
import java.util.Scanner;
public class Teacher extends Person implements Elective{
    private String department;//教师所在系部
    /**
     * 子类构造方法
     */
    public Teacher() {
        super();
    }
    public Teacher(String name,String department){
        super(name);
        this.department=department;
    }
    /**
     * 重写教师信息显示方法
     */
    @Override
    public void showInfo(){
        System.out.println("教师姓名"+"\t"+"教师年龄"+"\t"+"教师性别"+"\t"+"教
```

```
                    师所在系部");
        System.out.println(getName()+"\t"+getAge()+"\t"+getSex()+"\t"+
                    department);
    }
    @Override
    public void personEletive(int select) {
        if(select==1) {
            System.out.println("选择的讲授课程为"+course1);
        }else if(select==2) {
            System.out.println("选择的讲授课程为"+course2);
        }else if(select==3) {
            System.out.println("选择的讲授课程为"+course3);
        }
    }
}
```

⑤ 选课业务类。

```
package demo5;
import java.util.Scanner;
import demo5.Student;
import demo5.Teacher;
public class SelectCourse {
    Person person=null;
    Elective ele=null;
    Scanner sc=new Scanner(System.in);
    public Person res() {
        System.out.println("请输入选课人员类型:1.教师/2.学生");
        int type=sc.nextInt();
        switch (type) {
        case 1:
            System.out.println("请输入教师姓名:");
            String tname=sc.next();
            System.out.println("请输入教师所在系部");
            String department=sc.next();
            person= new Teacher(tname, department);
            break;
        case 2:
            System.out.println("请输入学生姓名:");
            String sname=sc.next();
            System.out.println("请输入学生所在专业");
            String major=sc.next();
            person=new Student(sname,major);
            break;
        default:
            System.out.println("输入错误");
        }
        return person;
    }
    public void select(Person person) {
        System.out.println("请输入课程编号:1/2/3");
```

```
        int no=sc.nextInt();
        if(person instanceof Teacher) {
            ele=new Teacher();
        }else {
            ele=new Student();
        }
        System.out.print(person.getName());
        ele.personEletive(no);
    }
}
```

⑥ 测试类。

```
package demo5;
import java.util.Scanner;
public class PersonTest {
    public static void main(String[] args) {
        SelectCourse sc=new SelectCourse();
        sc.select(sc.res());
    }
}
```

 代码说明

```
public interface Elective { }
```
声明 Elective 选课接口类，修饰关键字为 interface。

```
public final static String course1="软件工程";
```
在接口类声明课程名称的全局静态常量，接口类的属性默认且必须是全局静态常量。

```
public void personEletive(int select);
```
在接口类声明人员选课方法，接口中方法默认且必须是公共的抽象方法。

```
public class Student extends Person implements Elective{ }
```
Student 子类既继承了 Person 父类，又通过 implements 关键字成为 Elective 接口的实现类。

```
public void personEletive(int select){ }
```
子类必须要重写父类和接口类声明的抽象方法。

```
ele=new Teacher();
```
接口类与抽象类一样，不能实例化对象，但可通过多态的形式进行赋值。

知识解析

2.7.1 接口

接口是一系列方法的声明，是一些方法特征的集合，一个接口只有方法的特征没有方法的实现，因此这些方法可以在不同的地方被不同的类实现，而这些实现可以具有不同的行为（功能）。接口类主要用于制定规范，可以理解为制定的一系列规则，实现类必须遵守。接口类的声明更注重共性内容上的设计思想。

声明接口类的关键字是 interface。

实现接口类的关键字是 implements。

2.7.2 接口的特点

① 接口全面面向规范，制定一系列实现类的公共方法规范，体现了规范与具体实现的分离。

② 接口与实现类不是父子管理，是实现规则的关系，所以一个实现类可以实现多个接口。

③ 接口不可以创建对象，但可用多态的引用类型说明，接口的属性必须是公共的静态常量，方法必须是公共的抽象方法。

2.7.3 接口与抽象类的区别

① 抽象类中可以存在非抽象方法，接口中只能存在抽象方法。

② 抽象类的属性可以被不同的修饰符定义，接口则必须是公共的静态常量。

③ 一个类可以实现无数个接口，但只能继承一个抽象类。

任务拓展

创建出行接口和餐饮接口，并通过实现类实现接口的抽象方法。

① 代码如下。

出行接口类

参考代码

学习笔记：

餐饮接口类

参考代码

学习笔记：

测试类

参考代码

学习笔记：

② 程序运行结果如图 2-18 所示。

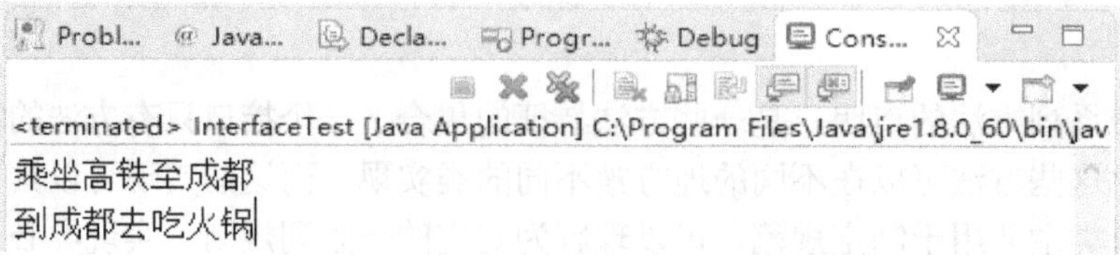

```
Probl...  @ Java...  Decla...  Progr...  Debug  Cons...
<terminated> InterfaceTest [Java Application] C:\Program Files\Java\jre1.8.0_60\bin\jav
乘坐高铁至成都
到成都去吃火锅
```

图 2-18　程序运行结果

举一反三

在扩展任务的基础上，继续创建接口实现类，实现通过其他工具的出游方式。（根据理解，写出案例代码）

思政园地

学习笔记：

拓展阅读

项目综合练习

一、操作题

求三角形、圆形、正方形、梯形面积，要求设计一个公共的父类，有求面积的方法，通过继承产生各种形状的子类。

二、选择题

1. 定义一个接口，必须使用的关键字是（　　）。

    A. public　　　　　　B. class　　　　　　C. interface　　　　　　D. static

2. 接口是 Java 面向对象的实现机制之一，说法正确的是（　）。

    A. Java 支持多重继承，一个类可以实现多个接口

    B. Java 只支持单继承，一个类可以实现多个接口

    C. Java 只支持单继承，一个类可以实现一个接口

    D. Java 支持多重继承，但一个类只可以实现一个接口

3. 有关抽象类与接口的叙述中，正确的是（　　）。

    A. 抽象类中必须有抽象方法，接口中也必须有抽象方法

    B. 抽象类中可以有非抽象方法，接口中也可以有非抽象方法

    C. 含有抽象方法的类必须是抽象类，接口中的方法必须是抽象方法

    D. 抽象类中的变量定义时必须初始化，而接口中不是

4. 在 Java 中，说法正确的是（　　）。

    A. 一个子类可以有多个父类，一个父类也可以有多个子类

    B. 一个子类可以有多个父类，但一个父类只可以有一个子类

    C. 一个子类只可以有一个父类，但一个父类可以有多个子类

    D. 上述说法都不对

5. Father 和 Son 是两个 Java 类，正确地标识出了 Father 是 Son 的父类是（　　）。

    A. class Son implements Father　　　　B. class Father implements Son

    C. class Father extends Son　　　　　　D. class Son extends Father

三、填空题

1. 接口中所有的属性均为_____、_____和_____。

2. _____方法是一种仅有方法声明，没有具体方法体和操作实现的方法，该方法必须在_____类之中定义。

3. 在 Java 中，能实现多重继承效果的方式是_____。

4. 在 Java 程序中，通过类的定义只能实现_____重继承，但通过_____的定义可以实现多重继承关系。

项目 3

开发薪资信息管理系统

项目介绍

本项目的主要内容是通过完成薪资管理系统的编码，实现员工奖金、员工税金的计算，完成员工信息的添加、删除、修改、查询等功能。通过学习掌握集合框架、容器、泛型、异常的概念，Collection 和 Map 的区别，异常处理、JDBC 数据库的使用。本项目整合了以上知识点，循序渐进地融入各部分内容，使学生可以熟练地掌握集合、异常处理、数据库在项目中的实际作用。

学习目标

【知识目标】
- 理解容器的含义，掌握集合框架的构成。
- 理解泛型集合的概念。
- 理解异常的作用，掌握异常的类型。
- 理解 JDBC 的原理。

【技能目标】
- 能使用集合实现对象的存储和处理。
- 会使用增强 for 型和 Iterator 遍历集合对象。
- 会使用泛型实现参数化类型对象的存储、处理与遍历。
- 会使用 try–catch–finally 处理异常，会使用 throw、throws 抛出异常。
- 能使用 JDBC 操作数据库。

【思政与职业素养目标】
- 培养学生的民族自豪感和自尊心。
- 激发学生对祖国软件产业的热爱。

任务 3.1 实现员工薪资信息存储

任务分析

实现面向员工的工资、奖金、所得税的薪资管理信息存储，由于员工的流动性导致员工数量的不确定性，使用数组在存储空间分配上会比较麻烦和烦琐，而以类的形式存在，具有封装、继承、多态、动态空间、面向对象等特性的集合能满

任务 3.1 实现员工薪资信息存储

足更多的需求，程序运行结果如图 3-1、图 3-2 所示。

```
************员工薪资管理系统************
请输入员工工号：1001
请输入员工姓名：小贝
请输入员工性别：男
请输入员工年龄：30
请输入员工薪资：5000
请输入员工奖金：2000
是否继续输入：y
请输入员工工号：1002
请输入员工姓名：小美
请输入员工性别：女
请输入员工年龄：28
请输入员工薪资：4800
请输入员工奖金：2000
是否继续输入：n
```

```
所有员工信息如下：
工号：1001
姓名：小贝
年龄：30
性别：男
薪资：5000.0
奖金：2000.0
员工小贝应发工资：7000.0
-------------------------------
工号：1002
姓名：小美
年龄：28
性别：女
薪资：4800.0
奖金：2000.0
员工小美应发工资：6800.0
-------------------------------
```

图 3-1　程序运行结果（一）　　　　　　　　图 3-2　程序运行结果（二）

 任务实施

在本任务实施过程中首先利用继承思想创建了人员父类、员工子类，然后在员工业务类中通过 ArrayList 集合实现员工对象的存储与访问，在业务执行类中通过调用员工业务类中的方法实现对象的添加与显示过程。

① 人员父类。

```java
package chapter03.nyjj.stu.soft;
public class Personnel {
    String code;            //员工工号
    String name;            //员工
    String sex;             //员工性别
    int age;                //员工年龄
    double salary;          //员工工资
    double bonus;           //员工奖金
    double tax;             //员工税金
}
```

② 员工子类。

```java
package chapter03.nyjj.stu.soft;
public class Staff extends Personnel {
    public String getName() {
    return name;
    }
    public void setName(String name) {
        this.name=name;
    }
    public String getSex() {
        return sex;
    }
    public void setSex(String sex) {
        this.sex=sex;
    }
```

```java
public int getAge() {
    return age;
}
public void setAge(int age) {
    this.age=age;
}
public String getCode() {
    return code;
}
public void setNo(String code) {
    this.code=code;
}
public double getSalary() {
    return salary;
}
public void setSalary(double salary) {
    this.salary=salary;
}
public double getBonus() {
    return bonus;
}
public void setBonus(double bonus) {
    this.bonus=bonus;
}
public double getTax() {
    return tax;
}
public void setTax(double tax) {
    this.tax=tax;
}
public Staff() {
}
public Staff(String name,String sex,int age,String code,double salary,
            double bonus,double tax) {
    this.name=name;
    this.sex=sex;
    this.age=age;
    this.code=code;
    this.salary=salary;
    this.bonus=bonus;
    this.tax=tax;
}
@Override
public String toString() {
    return "this is a common staff\n"
            +"name:"+name+"\n"
            +"sex:"+sex+"\n"
```

```
                      +"age:"+age+"\n"
                      +"no:"+code+"\n"
                      +"salary"+salary+"\n"
                      +"bonus"+bonus+"\n";
    }
}
```

③ 员工业务类。

```
package chapter03.nyjj.stu.soft;
public class StaffService {
    List list=new ArrayList();
    public void addStaff(Staff staff) {
        list.add(staff);
    }
    public void showlistlInfo(List list) {
        if (list.size()> 0) {
            System.out.println("所有员工信息如下:");
            for (int i=0;i < list.size();i++) {
                Staff staff=(Staff) list.get(i);
                System.currentTimeMillis();
                System.out.println("工号:"+staff.getCode());
                System.out.println("姓名:"+staff.getName());
                System.out.println("年龄:"+staff.getAge());
                System.out.println("性别:"+staff.getSex());
                System.out.println("薪资:"+staff.getSalary());
                System.out.println("奖金:"+staff.getBonus());
                System.out.println("员工"+staff.getName()+"应发工
                资:"+(staff.getSalary()+staff.getBonus()));
                System.out.println("-----------------------------------");
            }
        }
    }
}
```

④ 业务执行类。

```
package chapter03.nyjj.stu.soft;
public class StaffTest {
    public static void main(String[] args) {
        StaffService ss=new StaffService();
        Scanner sc=new Scanner(System.in);
        String is="y";
        System.out.println("************员工薪资管理系统************");
        do {
            Staff staff=new Staff();
            System.out.println("请输入员工工号:");
            staff.setCode(sc.next());
            System.out.println("请输入员工姓名:");
            staff.setName(sc.next());
```

```
            System.out.println("请输入员工性别:");
            staff.setSex(sc.next());
            System.out.println("请输入员工年龄:");
            staff.setAge(sc.nextInt());
            System.out.println("请输入员工薪资:");
            staff.setSalary(sc.nextDouble());
            System.out.println("请输入员工奖金:");
            staff.setBonus(sc.nextDouble());
            ss.addStaff(staff);
            System.out.println("是否继续输入:");
            is=sc.next();
        }while(is.equals("y"));
        ss.showlistlInfo(ss.list);
```

 代码说明

```
List list=new ArrayList();
```
在集合框架声明一个 Collection 容器中的 List 集合类型，使用多态的形式初始化为 ArrayList 顺序存储结构的实现类。

```
list.add(staff);
```
通过 List 集合的 add()方法向集合元素添加数据。

```
Staff staff=(Staff) list.get(i);
```
通过 get()方法调用集合中的数据元素，其返回值为 Object 类型，强制转换为 Staff 引用数据类型。

知识解析

3.1.1 Java 集合容器

程序的开发和执行离不开逻辑和数据的支持，想要容纳和管理数据势必就要用到"容器"，Java 语言中数组和集合同属数据容器。数组是一种简单的线性序列，能存储常用类型数据和引用类型数据，能快速地进行访问，效率高，但数组不灵活，容量需提前定义。集合是用来存放对象的容器，它围绕着一组标准接口进行设计，通过一系列的数据结构（ArrayList、LinkedList、Set、Map 等）来实现数据存储，结合一些算法（搜索和排序等）实现数据管理。

① 集合不用固定长度，能根据元素的增加而自动增加；

② 集合只能存储引用类型数据，存储基本类型数据会自动转换为对象；

③ 集合可以存放不同类型、不限数量的数据类型。

如果元素个数是固定的推荐使用数组，效率高；如果元素个数不固定则推荐使用集合。

3.1.2 集合接口

（1）集合框架概述

集合包括两种类型的容器，一种是集合（Collection），存储单个元素集合，另一种是图（Map），存储键-值对映射，如图 3-3 所示。

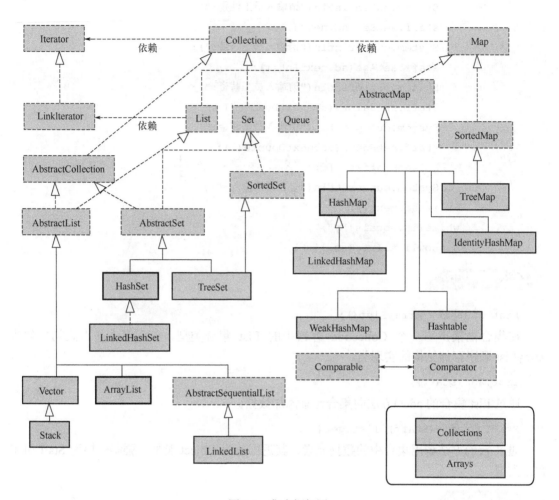

图 3-3　集合框架图

　　最常用的集合类，它的存储结构和数组类似，但是它的长度可以动态增长，也可以将它称为动态数组。Collection 接口是最基本的集合接口，存储一组不唯一、无序的对象。其又有 3 种子类型，即 List、Set 和 Queue，如表 3-1 所示。

表 3-1　集合接口描述表

序号	接口描述
1	Collection 接口 Collection 是最基本的集合接口，一个 Collection 代表一组 Object，即 Collection 的元素,Java 不提供直接继承自 Collection 的类，只提供继承于 Collection 子接口(如 List 和 Set)的类。 Collection 接口存储一组不唯一、无序的对象
2	List 接口 List 接口继承 Collection 接口，使用此接口能够精确地控制每个元素插入的位置，能够通过索引（元素在 List 中位置，类似于数组的下标）来访问 List 中的元素，第一个元素的索引为 0，且允许有相同的元素，即 List 接口存储一组不唯一，有序（插入顺序）的对象
3	Set 接口 Set 具有与 Collection 完全一样的接口，没有任何额外的功能，只是行为上不同，Set 不保存重复的元素，即 Set 接口存储一组唯一、无序的对象

续表

序号	接口描述
4	Queue 接口 Queue 接口继承 Collection 接口，用于保存将要按 FIFO（先进先出）顺序处理的元素。它是一个有序的对象列表，其用途仅限于在头、尾两端插入和移除元素，遵循先进先出原则
5	SortedSet 接口 SortedSet 接口继承于 Set 接口，是一个按升序维护其元素的集合，根据元素的升序顺序或根据 SortedSet 创建时提供的 Comparator 进行排序
6	Map 接口 Map 接口存储一组键值对象，提供 key（键）到 value（值）的映射
7	SortedMap 接口 SortedMap 接口继承于 Map 接口，是一个按升序维护其元素的 Map，按 key 的升序顺序或根据创建 SortedMap 时提供的 Comparator 进行排序
8	Iterator 接口 Iterator 接口是遍历集合的工具，即我们通常通过 Iterator 迭代器来遍历集合。Collection 依赖于 Iterator，是因为 Collection 的实现类都要实现 iterator()函数，返回一个 Iterator 对象

（2）ArrayList 类

ArrayList 类是一个可以动态修改的数组，与普通数组的区别就是它没有固定大小的限制，可以添加、删除、修改、遍历元素。ArrayList 继承了 AbstractList，并实现了 List 接口，常用方法汇总如表 3-2 所示。

表 3-2 ArrayList 常用方法表

序号	方法名	描述
1	add()	将元素插入指定位置的 ArrayList 中
2	addAll()	添加集合中的所有元素到 ArrayList 中
3	clear()	删除 ArrayList 中的所有元素
4	clone()	复制一份 ArrayList
5	contains()	判断元素是否在 ArrayList 中
6	get()	通过索引值获取 ArrayList 中的元素
7	indexOf()	返回 ArrayList 中元素的索引值
8	removeAll()	删除存在于指定集合中的 ArrayList 中的所有元素
9	remove()	删除 ArrayList 中的单个元素
10	size()	返回 ArrayList 中元素的数量
11	isEmpty()	判断 ArrayList 是否为空
12	subList()	截取 ArrayList 中的部分元素
13	set()	替换 ArrayList 中指定索引的元素
14	sort()	对 ArrayList 中的元素进行排序
15	toArray()	将 ArrayList 转换为数组
16	toString()	将 ArrayList 转换为字符串
17	ensureCapacity()	设置指定容量大小的 ArrayList
18	lastIndexOf()	返回指定元素在 ArrayList 中最后一次出现的位置
19	retainAll()	保留 ArrayList 中在指定集合中也存在的那些元素
20	containsAll()	查看 ArrayList 是否包含指定集合中的所有元素
21	trimToSize()	将 ArrayList 中的容量调整为数组中的元素个数

续表

序号	方法名	描述
22	removeRange()	删除 ArrayList 中指定索引之间存在的元素
23	replaceAll()	使用给定的操作内容替换掉数组中的每一个元素
24	removeIf()	删除所有满足特定条件的 ArrayList 中的元素
25	forEach()	遍历 ArrayList 中每一个元素并执行特定操作

 任务拓展

ArrayList 集合的 add()方法默认是将数据添加到集合最后一个元素位,该方法也具有向指定元素位置添加数据的能力,使用 add()方法实现向集合固定位置增加城市信息的功能。

① 代码如下。

学习笔记:

参考代码

② 控制台输出如图 3-4 所示。

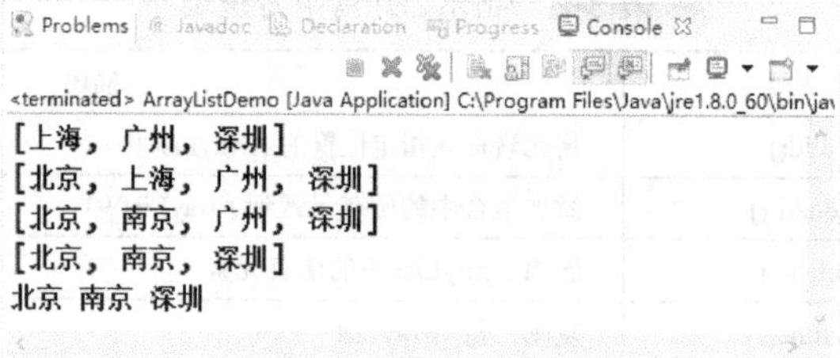

```
[上海，广州，深圳]
[北京，上海，广州，深圳]
[北京，南京，广州，深圳]
[北京，南京，深圳]
北京 南京 深圳
```

图 3-4　程序运行结果

举一反三

使用 ArrayList 集合实现删除员工信息的功能。(根据理解,写出案例代码)

任务 3.2　实现员工状态信息分类功能

任务 3.2　实现员工状态信息分类功能

任务分析

实现根据员工状态对员工信息进行分类显示的功能，因为分类数据要频繁地加入集合第一位或最后一位，所以使用 LinkedList 链表集合进行数据存储，进而实现分类功能，程序运行结果如图 3-5、图 3-6 所示。

图 3-5　程序运行结果（一）　　　　图 3-6　程序运行结果（二）

任务实施

在本任务实施过程中，在 StaffService 类中增加 classify()方法，在方法中通过 LinkedList 集合存储退休职工与离职职工对象。

① 在 StaffService 类中增加 classify()方法。

```java
package chapter03.nyjj.stu.soft;
public class StaffService {
    LinkedList retireLL=new LinkedList();
    LinkedList resignLL=new LinkedList();
    public void classify(int category,String code) {
        boolean is=true;
        switch(category) {
        case 2:
            for (int i=0;i < list.size();i++) {
                if(((Staff)list.get(i)).getCode().equals(code)) {
                    retireLL.addLast((Staff)list.get(i));
```

```
                    list.remove(i);
                    System.out.println("——退休员工信息表——");
                    showlistlInfo(retireLL);
                }
            }
            break;
        case 3:
            for (int i=0;i < list.size();i++) {
                if(((Staff)list.get(i)).getCode().equals(code)) {
                    resignLL.addFirst((Staff)list.get(i));
                    list.remove(i);
                    System.out.println("——离职员工信息表——");
                    showlistlInfo(resignLL);
                }
            }
            break;
        }
    }
}
```

② 业务执行类。

```
package chapter03.nyjj.stu.soft;
public class StaffTest {
    public static void main(String[] args) {
        StaffService ss=new StaffService();
        Scanner sc=new Scanner(System.in);
        String is="y";
        do {
            Staff staff=new Staff();
            System.out.println("请输入员工工号:");
            staff.setCode(sc.next());
            System.out.println("请输入员工姓名:");
            staff.setName(sc.next());
            System.out.println("请输入员工性别:");
            staff.setSex(sc.next());
            System.out.println("请输入员工年龄:");
            staff.setAge(sc.nextInt());
            System.out.println("请输入员工薪资:");
            staff.setSalary(sc.nextDouble());
            System.out.println("请输入员工奖金:");
            staff.setBonus(sc.nextDouble());
            ss.addStaff(staff);
            System.out.println("是否继续输入:");
            is=sc.next();
        }while(is.equals("y"));
        do{
```

```
System.out.println("请输入员工编号和状态编号(2为退休,3为离职):");
String code=sc.next();
int category=sc.nextInt();
ss.classify(category, code);
System.out.print("是否继续输入:");
is=sc.next();
}while(is.equals("y"));
```

 **代码说明**

```
LinkedList retireLL=new LinkedList();
LinkedList resignLL=new LinkedList();
```

声明两个 LinkedList 集合 retireLL（退休员工集合）和 resignLL（离职员工集合），分别存储退休和离职两种状态的员工信息，用以实现员工状态分类功能。

```
retireLL.addLast((Staff)list.get(i));
```

通过 LinkedList 集合的 addLast()方法向 retireLL 集中的最后一个元素位添加数据。

```
resignLL.addFirst((Staff)list.get(i));
```

通过 LinkedList 集合的 addFirst()方法向 resignLL 集中的第一个元素位添加数据。

```
list.remove(i);
```

通过 List 集合框架中的 remove()方法删除指定元素位中存储的数据。

 **知识解析**

3.2.1 LinkedList 类

LinkedList 是一种常见的基础数据结构，是一种线性表，与 ArrayList 相比，LinkedList 的增加和删除的操作效率更高，而查找和修改的操作效率较低。LinkedList 提供额外的 get、remove、add 方法在 LinkedList 的首部或尾部，如 getFirst()、removeLast()、addFirst()等方法实现在头部或尾部的增加删除或插入元素的操作。

3.2.2 LinkedList 类常用方法

频繁访问列表中的某一个元素，只需要在列表末尾进行添加和删除元素操作时推荐使用 ArrayList；频繁地在集合开头、中间、末尾等位置进行添加和删除元素操作时推荐使用 LinkedList，方法列表如表 3-3 所示。

表 3-3 LinkedList 常用方法表

序号	方法	描述
1	public boolean add(E e)	链表末尾添加元素，返回是否成功，成功为 true，失败为 false
2	public void add(int index, E element)	向指定位置插入元素
3	public boolean addAll(Collection c)	将一个集合的所有元素添加到链表后面，返回是否成功，成功为 true，失败为 false
4	public boolean addAll(int index, Collection c)	将一个集合的所有元素添加到链表的指定位置后面，返回是否成功，成功为 true，失败为 false
5	public void addFirst(E e)	元素添加到头部
6	public void addLast(E e)	元素添加到尾部

续表

序号	方法	描述
7	public boolean offer(E e)	向链表末尾添加元素，返回是否成功，成功为 true，失败为 false
8	public boolean offerFirst(E e)	头部插入元素，返回是否成功，成功为 true，失败为 false
9	public boolean offerLast(E e)	尾部插入元素，返回是否成功，成功为 true，失败为 false
10	public void clear()	清空链表
11	public E removeFirst()	删除并返回第一个元素
12	public E removeLast()	删除并返回最后一个元素
13	public boolean remove(Object o)	删除某一元素，返回是否成功，成功为 true，失败为 false
14	public E remove(int index)	删除指定位置的元素
15	public E poll()	删除并返回第一个元素
16	public E remove()	删除并返回第一个元素
17	public boolean contains(Object o)	判断是否含有某一元素
18	public E get(int index)	返回指定位置的元素
19	public E getFirst()	返回第一个元素
20	public E getLast()	返回最后一个元素
21	public int indexOf(Object o)	查找指定元素从前往后第一次出现的索引
22	public int lastIndexOf(Object o)	查找指定元素最后一次出现的索引
23	public E peek()	返回第一个元素
24	public E element()	返回第一个元素
25	public E peekFirst()	返回头部元素
26	public E peekLast()	返回尾部元素
27	public E set(int index, E element)	设置指定位置的元素
28	public Object clone()	克隆该列表
29	public Iterator descendingIterator()	返回倒序迭代器
30	public int size()	返回链表元素个数
31	public ListIterator listIterator(int index)	返回从指定位置开始到末尾的迭代器
32	public Object[] toArray()	返回一个由链表元素组成的数组
33	public T[] toArray(T[] a)	返回一个由链表元素转换类型而成的数组

任务拓展

实现员工信息管理系统中通知模块的信息显示功能，通知模块只显示最近的 5 条信息，最新的通知应置顶显示，超出 5 条的信息将在显示页面中删除，填充下面的缺失代码。

① 代码如下。

学习笔记：

参考代码

② 控制台输出如图 3-7 所示。

图 3-7 程序运行结果

举一反三

使用 LinkedList 集合实现删除员工信息的功能。（根据理解，写出案例代码）

任务 3.3　设计离职员工薪资结算功能

任务 3.3　设计离职员工薪资结算功能

任务分析

实现离职员工薪资结算功能，控制台显示离职员工信息和结算薪资，因为离职员工的不确定性，所以以员工工号作为唯一标识，提取员工信息进行结算，程序运行结果如图 3-8 所示。

任务实施

在本任务实施过程中，首先使用 Set 集合对象存储离职员工编号，然后利用离职员工编号访问离职员工信息，并实现离职员工薪资结算功能。在编码过程中思考 Set 集合的使用方式和意义。

```
<terminated> StaffTest [Java Application] C:\Program Files\Ja
请输入离职员工编号：
1004
是否继续输入：
n
离职员工工号：1004    离职员工姓名：小花
离职员工薪资结算：4500.0
```

图 3-8　程序运行结果

① 在 StaffService 类中增加 resignInfo()、setShowName()方法。

```java
package chapter03.nyjj.stu.soft;
public class StaffService {
public Set<String> resignInfo() {
    Set<String> set=new HashSet<String>();
    String is="y";
    Scanner sc=new Scanner(System.in);
    do {
        System.out.println("请输入离职员工编号:");
        String code=sc.next();
        for (int i=0;i < list.size();i++) {
            if(((Staff)list.get(i)).getCode().equals(code)) {
                set.add(code);
                is="y";
                break;
            }else {
                is="n";
            }
        }
        if(is.equals("n")) {
            System.out.println("输入编号有误");
        }
        System.out.println("是否继续输入:");
        is=sc.next();
    }while(is.equals("y"));
    return set;
}
public void setShowName(Set<String> set) {
    for (String code:set) {
```

```
        for (int i=0;i < list.size();i++) {
            if(((Staff)list.get(i)).getCode().equals(code)) {
                System.out.print("离职员工工号:"+((Staff)list.get(i)).
                                              getCode()+" ");
                System.out.println("离职员工姓名:"+((Staff)list.get(i)).
                                              getName());
                System.out.println("离职员工薪资结算:
                "+((Staff)list.get(i)).getSalary());
                }
            }
        }
    }
}
```

② StaffTest3→业务执行类。

```
package chapter03.nyjj.stu.soft;
public class StaffTest3 {
    public static void main(String[] args) {
        StaffService ss=new StaffService();
        Scanner sc=new Scanner(System.in);
        Set<String> set=new HashSet<String>();
        Staff staff3 =new Staff("1004","小花",4500.00);
        Staff staff2 =new Staff("1005","小小",5500.00);
        Staff staff1 =new Staff("1006","小红",5000.00);
        ss.addStaff(staff1);
        ss.addStaff(staff2);
        ss.addStaff(staff3);
        set=ss.resignInfo();
        ss.setShowName(set);
    }
}
```

📎 代码说明

```
Set<String> set=new HashSet<String>();
```

声明一个 Set 类型集合，使用多态的形式初始化为 HashSet 非顺序存储结构的集合对象，同时为集合定义 String 字符串类型的泛型，使之被调用时必须传入与定义相一致的数据类型。

```
set.add(code);
```

通过 Set 集合的 add()方法向 Set 集合元素添加数据。

```
for (String code:set){}
```

通过 foreach 的语句格式循环遍历 Set 集合中所有的元素，将其赋值给 String 类型的 code 变量。

📚 知识解析

3.3.1 HashSet 实现类

Set 接口用于存储无序元素、值不能重复的数据集。HashSet 是基于 HashMap 来实现的，实现了 Set 接口，是一个不允许有重复元素的集合，允许有 null 值，是无序的，即不会记录插入的顺序，常用方法如表 3-4 所示。

表 3-4　HashSet 常用方法

序号	方法	描述
1	add()	如果指定的元素尚不存在，则将其添加到此集合中
2	clone()	复制一份 HashSet
3	isEmpty()	判断 HashSet 是否为空
4	size()	计算 HashSet 中元素的数量
5	contains()	判断元素是否存在于集合当中
6	remove()	删除 HashSet 中的元素

3.3.2　泛型

泛型，即参数化类型。在创建集合对象时指定集合中元素的类型，在从集合中取出元素时无须进行类型强制转换。泛型是将运行时的类型检查提前到编译时执行，当把非指定类型对象放入集合时，会出现编译错误。泛型具有更好的安全性和可读性，有三种常用使用方式：泛型类、泛型接口和泛型方法。

3.3.3　增强 for 型语句格式

增强 for 循环结构是为遍历数组、集合而存在的，是 for 语句的特殊简化版本。增强 for 循环结构语法如下所示：

```
for(元素类型 t 元素变量 x ：遍历对象 obj){
    引用了 x 的 java 语句;
}
```

任务拓展

Set 中除了 HashSet 实现类外还有 TreeSet 实现类，TreeSet 的特点是插入无序、内部有序，编写代码比较两种实现的输出结果。

① 代码如下。

参考代码

学习笔记：
....
....
....
....

② 控制台输出如图 3-9 所示。

```
HashSet:[aaa, ccc, bbb, ddd]
TreeSet: [aaa, bbb, ccc, ddd]
```

图 3-9　程序运行结果

举一反三

使用 HashSet 实现对退休员工进行工资结算的功能。（根据理解，写出案例代码）

任务 3.4　实现员工查询信息类

任务 3.4　实现员
工查询信息类

 任务分析

实现员工查询功能，因为查询数据的不确定性，所以将员工信息数据转为 Map 集合键-值对的形式进行存储，保证数据是以员工工号作为唯一值对应的员工数据，避免查询错误，程序运行结果如图 3-10、图 3-11 所示。

```
<terminated> StaffTest [Java Application] C:\Program Files\Java\jre1.8.0_6(
************员工薪资管理系统************
请输入员工工号：1001
请输入员工姓名：小贝
请输入员工性别：男
请输入员工年龄：30
请输入员工薪资：5000
请输入员工奖金：2000
是否继续输入：y
请输入员工工号：1002
请输入员工姓名：小美
请输入员工性别：女
请输入员工年龄：28
请输入员工薪资：4800
请输入员工奖金：2000
是否继续输入：n
请输入待查找的员工工号：
1002
```

```
姓名：小美
年龄：28
性别：女
薪资：4800.0
奖金：2000.0
————————员工信息汇总表————————
工号：1002
姓名：小美
年龄：28
性别：女
薪资：4800.0
奖金：2000.0
————————————————————————
工号：1001
姓名：小贝
年龄：30
性别：男
薪资：5000.0
奖金：2000.0
————————————————————————
```

图 3-10　程序运行结果（一）　　　　　图 3-11　程序运行结果（二）

任务实施

在本任务实施过程中，在员工业务类的 **addStaffMap()** 方法中实现将员工信息以键-值对的形式存储到 Map 集合中，在 **findStaffMap()** 方法中实现按照指定键查找员工信息，在 **findMapAll()** 方法中实现所有员工的遍历访问。在方法实现过程中思考 Map 集合的使用方式和意义。

① **StaffService** → 员工业务类。

```java
Map<String.Staff>map=null;
map=new HashMap<String, Staff>();
public void addStaffMap() {
        Scanner sc=new Scanner(System.in);
        String is="y";
        System.out.println("************员工薪资管理系统************");
        do {
            Staff staff=new Staff();
            System.out.print("请输入员工工号:");
            staff.setCode(sc.next());
            System.out.print("请输入员工姓名:");
            staff.setName(sc.next());
            System.out.print("请输入员工性别:");
            staff.setSex(sc.next());
            System.out.print("请输入员工年龄:");
            staff.setAge(sc.nextInt());
            System.out.print("请输入员工薪资:");
            staff.setSalary(sc.nextDouble());
            System.out.print("请输入员工奖金:");
            staff.setBonus(sc.nextDouble());
            map.put(staff.getCode(), staff);
```

```
                System.out.print("是否继续输入:");
                is=sc.next();
        }while(is.equals("y"));
    }
    public void findStaffMap(String code) {
        staff=map.get(code);
        if(staff!=null) {
            System.out.println("姓名:"+staff.getName());
            System.out.println("年龄:"+staff.getAge());
            System.out.println("性别:"+staff.getSex());
            System.out.println("薪资:"+staff.getSalary());
            System.out.println("奖金:"+staff.getBonus());
        }else {
            System.out.println("该员工信息不存在");
        }
    }
    public void findMapAll() {
        Set<Entry<String, Staff>> entrySet=map.entrySet();
        Iterator<Entry<String,Staff>> it=entrySet.iterator();
        System.out.println("—————————员工信息汇总表—————————");
        while(it.hasNext()) {
            Entry<String ,Staff> entry=it.next();
            System.out.println("工号:"+entry.getKey());
            System.out.println("姓名:"+entry.getValue().name);
            System.out.println("年龄:"+entry.getValue().age);
            System.out.println("性别:"+entry.getValue().sex);
            System.out.println("薪资:"+entry.getValue().salary);
            System.out.println("薪资:"+entry.getValue().bonus);
            System.out.println("——————————————————————————");
        }
    }
}
```

② StaffTest4→业务执行类。

```
package chapter03.nyjj.stu.soft;
import java.util.Scanner;
public class StaffTest4 {
    public static void main(String[] args) {
        StaffService ss=new StaffService();
        Scanner sc=new Scanner(System.in);
        ss.addStaffMap();
        System.out.println("请输入待查找的员工工号:");
        String code=sc.next();
        ss.findStaffMap(code);
        ss.findMapAll();
    }
}
```

 **代码说明**

```
Map<String,Staff> map=null;
```
在 Map 接口中声明一个 Map 集合对象，使用泛型结构将 key 的类型定义为 String，value 的类型定义为 Staff。

```
map.put(staff.getCode(), staff);
```
通过 Map 集合中的 put()方法向集合元素中存储数据。

```
map=new HashMap<String ,Staff>();
```
对 Map 集合进行初始化，初始为 HashMap，不需要保证存储顺序的键值对称结构。

```
staff=map.get(code);
```
通过 get()方法调用集合中的对应 code 键的 value 值，因当前 map 集合的 value 值声明了泛型为 Staff，所以其返回值为 Staff 类型，可直接赋值给 staff 对象。

```
Set<Entry<String, Staff>> entrySet=map.entrySet();
```
通过 Map 集合的 entrySet()方法将集合内所有的 key 值取出赋给 entrySet 集合。

```
Iterator<Entry<String,Staff>> it=entrySet.iterator();
```
通过 entrySet 调用迭代器方法对 Map 集合中 Entry 内部接口进行循环遍历，并将遍历结果封装进 it 对象中。

```
it.hasNext()
```
通过迭代器 it 对象调用 hasNext()方法判断是否存在下一个元素进行循环，方法返回值为 true 和 false。

```
Entry<String ,Staff> entry=it.next();
```
通过迭代器 it 对象调用 next()方法循环取出 Map 集合中的键-值对赋值给 Entry 对象。

```
entry.getKey()和 getValue()
```
通过 Entry 中的 getKey()和 getValue()方法，分别取出 Map 集合中存储的 key 值和 value 值。

知识解析

3.4.1　Map 集合

Map 集合是键-值对集合。Map 集合中的每一个元素都包含一个键对象和一个值对象。其中，键对象不允许重复，而值对象可以重复，并且值对象还可以是 Map 类型的。

3.4.2　HashMap 映射

HashMap 是一个散列表，它存储的内容是键-值对映射，实现了 Map 接口，具有很快的访问速度。HashMap 是无序的，即不会记录插入的顺序，常用方法如表 3-5 所示。

表 3-5　HashMap 常用方法

序号	方法	描述
1	clear()	删除 HashMap 中的所有键-值对
2	clone()	复制一份 HashMap
3	isEmpty()	判断 HashMap 是否为空
4	size()	计算 HashMap 中键-值对的数量

续表

序号	方法	描述
5	put()	将键-值对添加到 HashMap 中
6	putAll()	将所有键-值对添加到 HashMap 中
7	putIfAbsent()	如果 HashMap 中不存在指定的键，则将指定的键-值对插入 HashMap 中
8	remove()	删除 HashMap 中指定键 key 的映射关系
9	containsKey()	检查 HashMap 中是否存在指定的 key 对应的映射关系
10	containsValue()	检查 HashMap 中是否存在指定的 value 对应的映射关系
11	replace()	替换 HashMap 中是指定的 key 对应的 value
12	replaceAll()	将 HashMap 中的所有映射关系替换成给定的函数所执行的结果
13	get()	获取指定 key 对应对 value
14	getOrDefault()	获取指定 key 对应对 value，如果找不到 key，则返回设置的默认值
15	forEach()	对 HashMap 中的每个映射执行指定的操作
16	entrySet()	返回 HashMap 中所有映射项的集合视图
17	keySet()	返回 HashMap 中所有 key 组成的集合视图
18	values()	返回 HashMap 中存在的所有 value 值
19	merge()	添加键值对到 HashMap 中
20	compute()	对 HashMap 中指定 key 的值进行重新计算
21	computeIfAbsent()	对 HashMap 中指定 key 的值进行重新计算，如果不存在这个 key，则添加到 HashMap 中
22	computeIfPresent()	对 HashMap 中指定 key 的值进行重新计算，前提是该 key 存在于 HashMap 中

3.4.3　Iterator 迭代器

Iterator 迭代器提供了遍历集合的统一接口，其为集合而生，专门实现集合的遍历。Collection 接口的 iterator()方法返回一个 Iterator 接口对象。Iterator 迭代器对象有三个常用方法，分别是 next、hasNext 和 remove。

① 迭代器对象调用 next()方法，会返回迭代器中的下一个元素，并且更新迭代器的状态。

② 迭代器对象调用 hasNext()方法，用于检测集合中是否还有元素。

③ 迭代器对象调用 remove()方法，会将迭代器返回的元素全部删除。

任务拓展

在员工业务类中再增加一个根据用户输入工号实现用户信息删除功能的方法，补全缺失代码。

① 代码如下。

学习笔记：

参考代码

② 控制台输出如图 3-12 所示。

请输入待删除的员工工号：
1001
该员工信息已被删除

图 3-12　程序运行结果

举一反三

使用 **Map** 集合的键-值对特性，实现修改员工信息的功能。（根据理解，写出案例代码）

任务 3.5　处理计算薪资遇到的问题

 任务分析

任务 3.5　处理
计算薪资遇到的
问题

　　程序在执行过程中经常出现各种错误，导致程序崩溃，可能是用户操作引起的，也可能是代码本身引起的。这就需要对程序进行详细的测试，提高程序的健壮性。Java 提供的异常处理机制，可以帮助开发人员屏蔽错误，避免程序崩溃，提升用户体验。

在本任务中,加入了计算员工奖金功能,奖金计算公式为:员工奖金 = 公司总利润×10%/(部门个数×部门员工数)。需要用户手动输入相关数据,当用户输入的数据不正确时,可以利用异常处理机制给予用户更友好的提示,如图 3-13、图 3-14 所示。

图 3-13 运行异常效果图

图 3-14 运行正常效果图

任务实施

在 StaffService 类中添加计算员工奖金功能。在本任务中,通过添加异常处理模块完善程序代码,将有可能产生的异常代码放在 try 块中,用 catch 块来捕捉异常对象,将不管异常是否发生都要执行的代码放置在 finally 块中。

① StaffService 类→在员工业务类中添加 calcBonus()方法。

```java
package chapter03.nyjj.stu.soft;
import java.util.ArrayList;
import java.util.List;
import java.util.Scanner;

public class StaffService {
    public double calcBonus() {
        Scanner input=new Scanner(System.in);
        double bonus=0;
        try {
            System.out.print("请输入公司总利润:");
            int total=input.nextInt();
            System.out.print("请输入部门个数:");
            int depNum=input.nextInt();
            System.out.print("请输入部门人数:");
            int staffNum=input.nextInt();
            bonus=total * 0.1/depNum/staffNum;
        } catch (Exception e) {
```

```
        System.err.println("程序运行出错!请联系管理员,错误代码:");
        e.printStackTrace();
    }finally {
        System.out.println("员工奖金计算完成!");
    }
    return bonus;
    }
}
```

② StaffTest5→业务执行类。

```
package chapter03.nyjj.stu.soft;

public class StaffTest5 {
    public static void main(String[] args) {
        StaffService ss=new StaffService();
        double bonus=ss.calcBonus();
        System.out.println("年终奖为:"+bonus);
    }
}
```

📋 代码说明

```
try {
    System.out.print("请输入公司总利润:");
    int total=input.nextInt();
    System.out.print("请输入部门个数:");
    int depNum=input.nextInt();
    System.out.print("请输入部门人数:");
    int staffNum=input.nextInt();
    bonus=total * 0.1/depNum/staffNum;
} catch (Exception e) {
    System.err.println("程序运行出错!请联系管理员,错误代码:");
    e.printStackTrace();
}finally {
    System.out.println("员工奖金计算完成!");
}
```

上述代码是异常处理的基本写法，当用户输入的数据有误时，可以避免程序崩溃。input.nextInt()只能接收整型数据，如果用户输入的数据为非整型数据，那么程序将产生异常，利用异常处理语句可以将异常捕获，避免程序崩溃。

异常处理语句的基本用法：将可能产生异常的代码放入 try 语句块中，并通过 catch 来捕获异常。finally 语句块中的代码，无论是否发生异常，都会执行。

📚 知识解析

3.5.1 异常处理机制

Java 使用异常处理机制为程序提供了异常处理的能力。所谓异常处理，就是在程序中预先想好对异常的处理办法，当程序运行出现异常时，对异常进行处理，处理完毕，程序继续运行。

Java 异常处理机制由捕获异常和处理异常两部分组成。当出现了异常事件，就会生成一个异常对象，传递给运行时系统，这个产生和提交异常的过程称为抛出（Throw）异常。

当运行时系统得到异常对象时，将会寻找处理异常的方法，把当前异常对象交给该方法处理，这一过程称为捕获（Catch）异常。捕获异常的过程中要求预先设定好捕获的类型，如果异常类型不匹配将不能成功捕获异常。

如果没有找到可以捕获异常的方法，则运行时系统将终止，程序退出运行状态。

3.5.2 异常处理的语句结构

```
try{
    //try 语句块,编写产生异常的代码
}catch(异常类型  异常引用变量){
    //catch 语句块,出现异常时,捕获异常
}finally{
    //finally 语句块,可选,无论是否发生异常,代码都会执行
}
```

在语句结构中，try 和 catch 部分是必需的，并且 catch 部分可以有多个，finally 语句块是可选项，可以没有。

当 try 语句块引发异常时，将会抛出异常对象，并在 catch 语句块中捕获异常对象，进行异常处理。如果无法捕获抛出的异常对象，则会发生错误，程序停止运行。

如果 try 语句块没有引发异常，catch 语句块将不执行。无论有没有异常抛出，finally 语句块总是被执行。

任务拓展

为员工信息录入功能添加异常处理。

① 代码如下。

参考代码

学习笔记：
_____
_____
_____
_____

② 在数据输入错误时，控制台显示如图 3-15 所示。

```
请输入员工工号:
1000
请输入员工姓名:
zhangsan
请输入员工性别:
nan
请输入员工年龄:
abc
程序运行出错!请联系管理员,错误代码:
请输入员工工号:
java.util.InputMismatchException
        at java.base/java.util.Scanner.throwFor(Scanner.java:939)
        at java.base/java.util.Scanner.next(Scanner.java:1594)
        at java.base/java.util.Scanner.nextInt(Scanner.java:2258)
        at java.base/java.util.Scanner.nextInt(Scanner.java:2212)
        at chapter03.nyjj.stu.soft.StaffTest2.main(StaffTest2.java:20)
请输入员工姓名:
```

图 3-15　计算器运行异常效果

举一反三

按照控制台提示输入 1～3 之间任一个数字，程序将输出相应的课程名称（1：C#编程；2：Java 编程；3：SQL 基础），根据键盘输入进行判断。如果输入正确，输出对应课程名称。如果输入错误，给出错误提示。不管输入是否正确，均输出"欢迎提出建议"语句。（根据理解，写出案例代码）

任务 3.6　强化员工薪资计算功能

 任务分析

任务 3.6　强化员工薪资计算功能

　　在上一个任务中，异常处理的方法非常简单，只能基本保证程序不会中途崩溃，并不能引导用户解决问题。利用异常处理中捕获多重异常的能力，能够让我们更加细致地处理异常，根据出错情况，为用户添加引导，运行效果如图 3-16 所示。

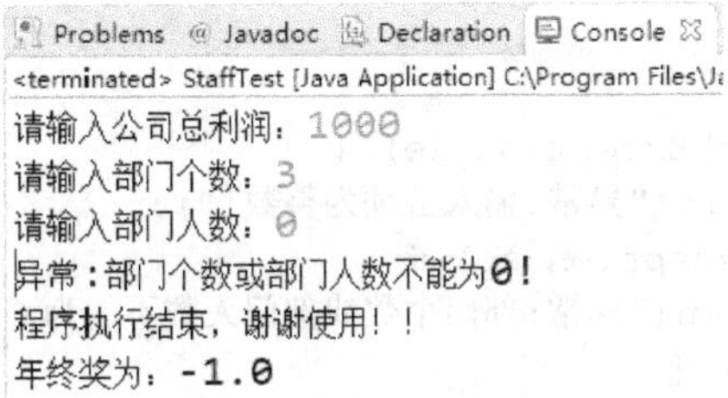

图3-16 强化提示后效果

任务实施

在本任务实施过程中，通过多重 catch 块捕获不同的异常对象，强化 calcBonus()方法，使该方法可以更加细致地处理异常。

StaffService 类→修改员工业务类中的 calcBonus()方法，代码如下。

```java
public double calcBonus() {
    Scanner input=new Scanner(System.in);
    double bonus=-1;
    try {
        System.out.print("请输入公司总利润:");
        int total=input.nextInt();
        System.out.print("请输入部门个数:");
        int depNum=input.nextInt();
        System.out.print("请输入部门人数:");
        int staffNum=input.nextInt();
        bonus=(int)(total * 0.1)/depNum/staffNum;
    }catch (InputMismatchException ie) {
        System.out.println("异常:输入必须为整数!");
    }catch (ArithmeticException ae) {
        System.out.println("异常:部门个数或部门人数不能为0!");
    }catch (Exception e) {
        System.out.println("其他异常请通知管理员:"+e.getMessage());
    }finally{
        System.out.println("程序执行结束,谢谢使用!!");
    }
    return bonus;
}
```

代码说明

```java
int total=input.nextInt();
```

上述代码中的 nextInt()方法只能接收整型数据，如果传入的数据不为数字将产生异常，该异常的类型为"InputMismatchException"。

```java
bonus=(int)(total * 0.1)/depNum/staffNum;
```

上述代码中 depNum 和 staffNum 两个变量作为除数不能为 0，否则会出现"ArithmeticException"类型异常。

```
try{
......
}catch (InputMismatchException ie) {
    System.out.println("异常:输入必须为整数!");
}catch (ArithmeticException ae) {
    System.out.println("异常:部门个数或部门人数不能为 0!");
}catch (Exception e) {
    System.out.println("其他异常请通知管理员:"+e.getMessage());
}
```

在 Java 中根据各种可能出现的问题,设计了许多异常类型,通过异常处理可以捕获这些异常,利用异常的类型,也可以大致推断出可能出现的错误。上述代码利用异常处理,使用三个 catch,捕获不同类型的异常,并根据异常的类型进行提示,使程序运行更加人性化。

catch 捕获异常是按照顺序捕获的,如上例中先捕获 InputMismatchException 的异常,接着捕获 ArithmeticException,最后捕获 Exception。一旦有异常被捕获,则异常捕获操作将结束,所以捕获 Exception 类型的异常必须放在最后。

知识解析

3.6.1 异常的分类

Java 中,异常由类来表示,异常类的父类是 Throwable 类。Throwable 类有两个直接子类:Error 类和 Exception 类。Error 类表示程序运行时较少发生的内部系统错误,程序员无法处理。Exception 类表示程序运行时程序本身和环境产生的异常,可以捕获和处理。异常类继承结构如图 3-17 所示。

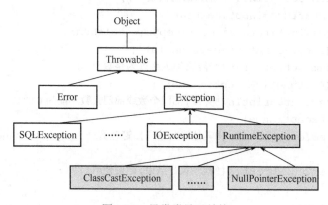

图 3-17 异常类继承结构

从图 3-17 中可以看到,异常分为运行时异常(RuntimeException,已经用灰色标出)及非运行时异常。

3.6.2 常见的异常类型

在异常处理中异常分为非运行时异常和运行时异常,它们中常见的异常类型如表 3-6 和表 3-7 所示。

表 3-6 非运行时异常类型

异常类型	说明
ClassNotFoundException	找不到类或接口产生的异常

续表

异常类型	说明
CloneNotSupportedException	使用对象的 clone()方法，但无法执行 Cloneable 产生的异常
IllegalAccessException	类定义不明确产生的异常
InstantiationException	使用 newInstance()方法试图建立一个类 instance 时产生的异常
InterruptedException	目前线程等待执行，另一线程中断目前线程产生的异常
NoSuchMethodException	找不到方法
SecurityException	违反安全产生的异常。当 applet 企图执行由于浏览器的安全设置而不允许的动作时产生
FileNotFoundException	找不到文件
EOFException	文件结束
SQLException	数据库访问的异常

非运行时异常无法通过编译，在编写代码时会有提示。

表 3-7　运行时异常类型

异常类型	说明
RuntimeException	运行异常，在 JVM 正常运行时抛出异常的父类
ArithmeticException	算术异常。算术运算产生的异常，如零作除数
ArrayStoreException	存入数组的内容与数组类型不一致时产生的异常
ClassCastException	类对象强制转换造成不当类对象产生的异常。例如，类 C 对象 c 强制成类 A，而 c 既不是 A 的实例，也不是 A 的子类的实例
IllegalThreadStateException	线程在不合理状态下运行产生的异常
NumberFormatException	字符串转换为数值产生的异常，如"8"正常，"s"异常
IllegalMonitorStateException	线程等候或通知对象时产生的异常
ArrayIndexOutOfBoundsException	数组索引越界产生的异常
StringIndexOutOfBoundsException	企图访问字符串中不存在的字符位置时产生
NegativeArraySizeException	创建数组时长度为负数
NullPointerException	空指针异常。企图引用值为 null 的对象时产生的异常

运行时异常在编译器中是没有提示的，可以通过编译，这种异常可以通过改进代码实现来避免。

任务拓展

设计一个计算器程序，可以进行两个数的加减乘除运算；利用异常处理，加强代码的健壮性，在出现错误时，可以给予友好的提示信息。

① 代码如下。

学习笔记：

参考代码

② 在数据输入错误时，控制台显示如图 3-18 所示。

图 3-18　控制台输出效果

举一反三

使用多重 catch 语句实现两个数的加减乘除运算的异常捕获。（根据理解，写出案例代码）

任务 3.7 抛出无法处理的问题

任务 3.7 抛出无法处理的问题

为了提高程序的健壮性，可能需要我们花很多时间在异常处理上，但有些时候程序产生的异常并不适合在当时解决，同一种类型的异常在不同情况下，处理方式可能不同。将异常交给调用者处理也是一种常见的处理方式。

本任务是计算个人所得税，利用综合所得的方式计算应缴税款，计算公式为

$$应纳税所得额 = 年终奖 + 年薪 - 优惠减免额度 - 起征点（60000）$$

$$个人所得税 = 应纳税所得额 \times 预扣率 - 速算扣除数$$

预扣率和速算扣除数详见表 3-8。

表 3-8 预扣率和速算扣除数

级数	累计预扣预缴应纳税所得额	预扣率/%	速算扣除数
1	不超过 36000 元的部分	3	0
2	超过 36000 元至 144000 元的部分	10	2520
3	超过 144000 元至 300000 元的部分	20	16920
4	超过 300000 元至 420000 元的部分	25	31920
5	超过 420000 元至 660000 元的部分	30	52920
6	超过 660000 元至 960000 元的部分	35	85920
7	超过 960000 元的部分	45	181920

运行效果如图 3-19、图 3-20 所示。

```
Problems  @ Javadoc  Declaration  Console ✕
<terminated> StaffTest [Java Application] C:\Program Files\Ja
请输入公司总利润：100000
请输入部门个数：3
请输入部门人数：10
请输入个人所得税每月减免额度：5000
税金：3513.3
```

图 3-19 正确运行效果

```
Problems  @ Javadoc  Declaration  Console ✕
<terminated> StaffTest [Java Application] C:\Program Files\Java\jre1.8.0_60\bin\javaw.exe (2023年9月7日 下午4:26:07)
请输入公司总利润：100000
请输入部门个数：3
请输入部门人数：10
请输入个人所得税每月减免额度：aaa
java.util.InputMismatchException：减免额度必须为整数！
税金：0.0
        at chapter03.nyjj.stu.soft.StaffService.calcTax(StaffService.java:206)
        at chapter03.nyjj.stu.soft.StaffTest.main(StaffTest.java:38)
```

图 3-20 抛出异常效果

 **任务实施**

在本任务实施过程中在方法体内通过 throw 关键字抛出了异常对象，并在方法参数列表后面通过 throws 声明异常类型通知调用者做异常处理。

① StaffService 类→为员工业务类添加 calcTax()方法。

```java
public double calcTax(Staff staff) throws InputMismatchException, Exception {
        Scanner input=new Scanner(System.in);
        System.out.print("请输入个人所得税每月减免额度:");
    try {
        int deduction =input.nextInt();
        //年薪+年终奖 - 减免额度 - 60000(起征点)
        double income=
                staff.getBonus()+staff.getSalary() * 12+deduction * 12 -60000;
        if (income<=0) {
            return 0;
        }else if(income <= 36000 ) {
            return income * 0.03;
        }else if(income <= 144000 ) {
            return income * 0.10 - 2520;
        }else if(income <= 300000 ) {
            return income * 0.20 - 16920;
        }else if(income <= 420000 ) {
            return income * 0.25 - 31920;
        }else if(income <= 660000 ) {
            return income * 0.30 - 52920;
        }else if(income <= 960000 ) {
            return income * 0.35 - 85920;
        }else {
            return income * 0.45 - 181920;
        }
    } catch (InputMismatchException ie) {
        throw new InputMismatchException("减免额度必须为整数!");
    }catch (Exception e) {
        throw new Exception("其他异常请通知管理员:"+e.getMessage());
    }
}
```

② StaffTest6→业务执行类。

```java
public class StaffTest6 {
    public static void main(String[] args) {
        StaffService ss=new StaffService();
        Staff staff=new Staff();
        double bonus=ss.calcBonus();
```

```
if(bonus != -1) {
        staff.setBonus(bonus);
        staff.setSalary(5000);
        try {
            staff.setTax(ss.calcTax(staff));
        } catch (Exception e) {
            e.printStackTrace();
        }
    }else {
        System.out.println("年终奖计算出错,请重新计算!");
    }
    System.out.println("税金:"+staff.getTax());
    }
}
```

 代码说明

```
try {
    ……
} catch (InputMismatchException ie) {
    throw new InputMismatchException("减免额度必须为整数!");
}catch (Exception e) {
    throw new Exception("其他异常请通知管理员:"+e.getMessage());
}
```

上述代码正在捕获可能出现的异常,但是在捕获后并没有处理,而是利用 throw 关键字将异常抛出。共抛出了两个异常对象,分别是 InputMismatchException 类的对象和 Exception 类的对象。

```
public double calcTax(Staff staff) throws InputMismatchException, Exception {
    ……
}
```

在上述方法的内部使用 throw 关键字抛出异常对象后,需要在参数列表后使用关键字 throws 声明抛出的异常类型。

```
try {
    staff.setTax(ss.calcTax(staff));
} catch (Exception e) {
    e.printStackTrace();
}
```

上述代码在 StaffTest6 中,由于 calcTax()方法抛出了 Exception 类型的异常,所以调用 calcTax()方法时无法忽略 calcTax()方法抛出的异常,在调用位置必须进行异常处理或利用 throws 关键字在调用方法参数列表的后面继续声明,交给上一级调用者处理。

知识解析

抛出异常实际上也是一种声明,在调用方法时,调用者可以更方便地知道可能出现的异常。抛出异常的语法格式如下：

```
[修饰符]<返回类型>  方法名([参数列表])  throws  异常列表{
    [throw  异常对象]; //可以根据实际情况选择是否抛出异常对象
}
```

一个方法是否抛出异常，主要看 throws 关键字后面声明的异常列表，在异常列表中可以包含多种异常类型，不同的异常类型用逗号隔开。在方法体中想要创建异常，可以利用 throw 手动抛出异常对象。

主要注意非运行时异常必须在 throws 后的异常列表中标出，方法被调用时必须处理；而运行时异常没有上述要求，是否在异常列表中标出，方法被调用时是否处理，并不影响代码的编译，编译器并不会做出提示。

任务拓展

修改任务 3.6 任务扩展中的程序，将功能代码放入函数中，并将可能产生的异常抛出。代码如下。

学习笔记：

参考代码

举一反三

在 setSex(String sex)中对性别进行判断，如果写入"男"或"女"直接赋值，否则抛出异常。（根据理解，写出案例代码）

任务 3.8 完善员工薪资计算程序

任务 3.8 完善员
工薪资计算程序

 任务分析

Java 提供了非常丰富的异常类型，可以满足大部分异常处理需要，但有时我们可能需要更加细致的异常处理方式，这时我们可以自定义异常来为代码可能发生的一个或多个问题提供解决办法。

在计算员工税金方法中，需要输入税收减免额度，如果用户输入的是负数，我们应该给予针对性的错误提示。Java 并没有提供对应的异常类型，此时可以用自定义异常的方式解决这个问题。异常触发效果如图 3-21 所示。

```
Problems  Javadoc  Declaration  Console
<terminated> StaffTest [Java Application] C:\Program Files\Java\jre1.8.0_60\bin\javaw.exe (2023年9月7日 下午4:30:29)
请输入公司总利润: 100000
请输入部门个数: 3
请输入部门人数: 10
请输入个人所得税每月减免额度: -500
税金计算出错，请重新计算!
chapter03.nyjj.stu.soft.MyException: 每月减免额度必须大于0, 你输入的额度是:-500
        at chapter03.nyjj.stu.soft.StaffService.calcTax(StaffService.java:195)
        at chapter03.nyjj.stu.soft.StaffTest.main(StaffTest.java:45)
```

图 3-21 自定义异常触发效果图

任务实施

在本任务实施过程中，通过继承 Exception 类自定义了 MyException 异常类，在修改员工业务类中的 calcTax()方法中抛出了自定义异常类的对象。

① MyException 类→自定义异常类。

```java
package chapter03.nyjj.stu.soft;
public class MyException extends Exception{
    private int num;
    private String message;
    public MyException(String str){
        super(str);
    }
    public MyException(String str, int num){
        this.message=str;
        this.num=num;
    }
    @Override
    public String getMessage(){
        return message+",你输入的额度是:"+num;
    }
}
```

② StaffService 类→修改员工业务类中的 calcTax 方法。

```java
public double calcTax(Staff staff) throws InputMismatchException, MyException {
    Scanner input=new Scanner(System.in);
    System.out.print("请输入个人所得税每月减免额度:");
    int deduction=0;
    try {
        deduction=input.nextInt();
    } catch (InputMismatchException ie) {
        throw new InputMismatchException("减免额度必须为整数!");
    } catch (Exception e) {
        throw new MyException(
                "你输入的减免额度出现其他异常请通知管理员:"+
                e.getMessage());
    }
    if (deduction < 0) {
        throw new MyException("每月减免额度必须大于0", deduction);
    }
    // 年终奖+年薪  - 减免额度 - 60000(起征点)
    double income=staff.getBonus()+staff.getSalary() * 12+deduction * 12 - 60000;
    if (income <= 0) {
        return 0;
    } else if (income <= 36000) {
        return income * 0.03;
    } else if (income <= 144000) {
        return income * 0.10 - 2520;
    } else if (income <= 300000) {
        return income * 0.20 - 16920;
    } else if (income <= 420000) {
        return income * 0.25 - 31920;
    } else if (income <= 660000) {
        return income * 0.30 - 52920;
    } else if (income <= 960000) {
        return income * 0.35 - 85920;
    } else {
        return income * 0.45 - 181920;
    }
}
```

③ StaffTest7→业务执行类。

```java
package chapter03.nyjj.stu.soft;
public class StaffTest7 {
    public static void main(String[] args) {
        StaffService ss=new StaffService();
        Staff staff=new Staff();
        double bonus=ss.calcBonus();
        if(bonus != -1) {
```

```
                staff.setBonus(bonus);
                staff.setSalary(5000);
                try {
                    staff.setTax(ss.calcTax(staff));
                } catch (MyException e) {
                    e.printStackTrace();
                    staff.setTax(-1);
                }
            }else {
                System.out.println("年终奖计算出错,请重新计算!");
            }
            if(staff.getTax() != -1) {
                System.out.println("税金:"+staff.getTax());
            }else {
                System.out.println("税金计算出错,请重新计算!");
            }
        }
    }
```

 代码说明

```
public class MyException extends Exception{
    public MyException(String str)  { …略…}
    public MyException(String str, int num) { …略…}
    public String getMessage(){ …略…}
}
```

上述代码是一个自定义异常，继承了 Exception，此时 MyException 类就可以作为一个新的异常类型。MyException 类包含两个有参构造方法，用于创建异常对象时接收参数，getMessage()可以在异常捕获时返回提示信息。

```
public double calcTax(Staff staff) throws
                    InputMismatchException, MyException { …… }
```

上述代码在抛出异常，在抛出的异常列表中包含了自定义异常类型 MyException。

```
    int deduction=0;
    try {
        deduction=input.nextInt();
    } catch (InputMismatchException ie) {
        throw new InputMismatchException("减免额度必须为整数!");
    } catch (Exception e) {
        throw new MyException(
                "你输入的减免额度出现其他异常请通知管理员:"+
                e.getMessage());
    }
```

上述代码的主要作用是接收用户输入的税收减免额度，input.nextInt()方法接收的数据类型不是整数时，会抛出 InputMismatchException 异常，如果有其他情况引起异常时，会抛出自定义异常 MyException，在创建 MyException 异常时传递了一个字符串。

```
if (deduction < 0) {
    throw new MyException("每月减免额度必须大于 0", deduction);
}
```

如果用户输入一个负数，则不会触发异常捕获机制，这时在 if 判断为负数之后，手动抛出自定义异常 MyException，同时传递了两个参数，分别为字符串和用户输入的数据。异常触发时，控制台输出结果如图 3-22 所示。

图 3-22　自定义异常触发效果

知识解析

Java 虽然内置了很多异常类型，但是也不能满足所有的场景，在实际项目开发中有时也需要定义自己的异常类，然后抛出该异常类的对象。自定义异常类需要继承 Exception 类或者 Exception 子类，如果自定义运行时异常类则需要继承 RuntimeException 类或者 RuntimeException 子类。自定义异常语法格式：

```
class  自定义异常名  extends  Exception{
    //有参构造方法;
    //无参构造方法;
}
```

任务拓展

对学生的年龄进行验证，判断年龄是否在 0～100 岁。代码如下。
① AgeException 类→自定义异常类。

学习笔记：

② Task3_8_1 类→输入年龄，如果不符合要求则抛出自定义异常。

学习笔记：

参考代码

参考代码

举一反三

设计一个自定义异常，表示 String 对象的长度太长，让用户输入字符串，如果超过 20 个字符，就抛出这个异常。（根据理解，写出案例代码）

任务 3.9 搭建员工信息管理程序框架

任务 3.9 搭建员工
信息管理程序框架

任务分析

目前用集合存储员工信息的过程中，每次程序执行都需要重新输入数据。数据库可以将员工信息持久地存储起来，数据库中的员工信息表结构如表 3-9 所示。

表 3-9 员工信息表结构

字段名	数据类型	含义	备注
id	int	员工工号	自增主键
name	String	姓名	
age	int	年龄	
sex	String	性别	
salary	double	员工工资	
bonus	double	员工奖金	
tax	double	员工税金	

那 Java 应用程序如何操作数据库中的数据记录呢？本任务主要进行操作数据库的前期准备工作，搭建员工信息管理程序与数据库之间的通路。数据库测试连接效果如图 3-23 所示。

```
<terminated> TestDE
数据库已连接
```

图 3-23　数据库连接效果

任务实施

为方便操作数据库中的数据，首先需要按照数据表的字段修改人员父类和员工子类的员工工号字段，然后创建数据库操作类，编写建立数据连接对象的方法。

① Personnel.java→修改人员父类。

```java
package chapter03.nyjj.stu.soft;
public class Personnel {
    int id;        //员工工号
    ......
}
```

② Staff.java→修改员工子类。

```java
package chapter03.nyjj.stu.soft;
public class Staff extends Personnel {
    public int getId() {
        return id;
    }
    public void setId(int id) {
        this. id=id;
    }
    (其他 getter、setter 方法略)
    public Staff(String name,String sex,int age ,double salary,int bonus,
double tax) {
        this.name=name;
        this.sex=sex;
        this.age=age;
        this.salary=salary;
        this.bonus=bonus;
        this.tax=tax;
    }
    @Override
    public String toString() {
        return "this is a common staff\n"
                +"name:"+name+"\n"
                +"sex:"+sex+"\n"
                +"age:"+age+"\n"
                +"no:"+id+"\n"
                +"salary:"+salary+"\n"
                +"bonus:"+bonus+"\n";
    }
}
```

③ StaffDB.java→数据库操作类，编写建立数据连接对象方法。

```java
public class StaffDB {
    public static final String mysqlDriver="com.mysql.jdbc.Driver";
    public static final String mysqlURL=" jdbc:mysql://localhost:3306/
staff_manager_db? "+"characterEncoding=utf8&useSSL=true";
    String username="root";
    String password ="root";
    public Connection getConnection() {
        Connection connection=null;
        try {
            Class.forName(mysqlDriver);  //加载驱动
            connection=DriverManager.getConnection(
                    mysqlURL, username, password); //建立连接
        } catch (ClassNotFoundException e) {
            e.printStackTrace();
        } catch (SQLException e) {
            e.printStackTrace();
        }
        return connection;
    }
}
```

④ TestDB.java→数据库测试类。

```java
package chapter03.nyjj.stu.soft.db;
import java.sql.Connection;
import java.sql.SQLException;
public class TestDB {
    public static void main(String[] args) {
        StaffDB db=new StaffDB();
        Connection conn=db.getConnection();
        if(conn != null) {
            System.out.println("数据库已连接");
        }else {
            System.out.println("数据库连接失败");
        }
        try {
            conn.close();
        } catch (SQLException e) {
            // TODO Auto-generated catch block
            e.printStackTrace();
        }
    }
}
```

 代码说明

```java
public static final String mysqlDriver="com.mysql.jdbc.Driver";
    public static final String mysqlURL=" jdbc:mysql://localhost:3306/
```

```
staff_manager_db? "+"characterEncoding=utf8&useSSL=true";
    String username="root";
    String password ="root";
```

上述代码用于设置数据库连接时需要的基本信息，mysqlDriver 变量存储数据库驱动包，mysqlURL 变量存储数据连接字符串，username 和 password 变量存储数据库访问的账号和密码。

```
Class.forName(mysqlDriver); //加载驱动
connection=DriverManager.getConnection(mysqlURL, username, password); //建
立连接
```

上述代码用于加载驱动和建立连接，如果参数设置成功，会得到 Connection 类的对象，将来进行数据库操作时需要使用该对象。

```
StaffDB db=new StaffDB();
Connection conn=db.getConnection();
if(conn != null) {
    System.out.println("数据库已连接");
}else {
    System.out.println("数据库连接失败");
}
```

上述代码是在调用建立数据库连接的代码，测试是否能够获得数据库连接对象，如果 conn 不为 null，表示数据库连接已成功建立。

知识解析

3.9.1 Java 数据库连接（JDBC）

JDBC 的全称是 Java 数据库连接（Java Database Connectivity），它是一套用于执行 SQL 语句的 Java API。应用程序可通过这套 API 连接到关系型数据库，并使用 SQL 语句来完成对数据库中数据的查询、新增、更新和删除等操作。

应用程序使用 JDBC 访问特定的数据库时，需要与不同的数据库驱动进行连接。由于不同数据库厂商提供的数据库驱动不同，因此，为了使应用程序与数据库真正建立连接，JDBC 不仅需要提供访问数据库的 API，还需要封装与各种数据库服务器通信的细节。JDBC 屏蔽了数据库之间的区别，对于开发者来说只需要知道一套 JDBC 的 API 就可以操作大部分数据库。JDBC API 的类和接口如表 3-10 所示。

表 3-10　JDBC API 包中定义的类和接口

类或接口名称	描述
jDriver	是数据库的驱动程序接口，是每个驱动程序必须实现的接口
DriverManager	是一个用来管理 JDBC 驱动程序的类
Connection	是实现数据库连接的关键接口之一，并担任传送数据的任务
Statement	由 Connection 接口对象产生，用于执行静态 SQL 语句并返回执行结果
PreparedStatement	继承于 Statement 接口，由 Connection 接口对象产生，用于执行预编译参数化 SQL 语句并返回执行结果

续表

类或接口名称	描述
ResultSet	负责保存 Statement 执行后所产生的查询结果
CallableStatement	继承于 Statement 接口，由 Connection 接口对象产生，用于执行 SQL 存储过程并返回执行结果
DatabaseMetaData	用于获取数据库元数据相关信息的接口，提供了访问和查询数据库元数据的方法，如查询表和视图结构、数据类型、索引和约束等
SQLException	是与数据库操作相关的异常类，当在操作数据库过程中发生错误时，会抛出该类型异常

注：上述所描述的类和接口都位于 java.sql 包下。

其中 DriverManager 类用于加载 JDBC 驱动，并且创建与数据库的连接，常用方法如表 3-11 所示。

表 3-11 DriverManager 常用方法

字段名	数据类型
static Connection getConnection(String url,String username,String password)	该方法用于建立与数据库的连接，并返回 Connection 对象

3.9.2 数据库连接字符串

DriverManager 类中的 getConnection 方法有 3 个参数，url 表示要连接数据库的 url 地址，username 和 password 分别表示连接数据库的用户名和密码。

数据库的 url 的一般格式为：

```
jdbc:drivertype:driversubtype://parameters
```

drivertype 表示驱动程序的类型，driversubtype 是可选的参数，parameters 通常用来设定数据库服务器的 IP 地址、端口号和数据库的名称。常见数据库的 url 如下：

① 对于 SQL Server 采用如下形式：

```
jdbc:microsoft:sqlserver://localhost:1433;DatabaseName=MyDB
```

其中 MyDB 是用户建立的 SQL Server 数据库名称。

② 对于 MySQL 数据库，采用如下形式：

```
jdbc:mysql://localhost:3306/MyDB
```

其中 MyDB 是用户建立的 MySQL 数据库名称。

 任务拓展

通过下述代码总结数据库的连接过程。

学习笔记：_____

_____

_____

参考代码 _____

举一反三

与 Sqlerver 数据库建立连接的过程。（根据理解，写出案例代码）

任务 3.10　完善员工信息管理功能

任务 3.10　完善
员工信息管理
功能

 任务分析

　　目前员工信息管理程序的基本结构已经建立，需要添加功能菜单，菜单包括添加员工、删除员工、修改员工信息、查询员工等功能。

　　为了方便代码管理，先明确各个类文件的分工，StaffDB 类负责数据库的基本操作，包括数据库连接、插入数据、删除数据、修改数据、查询数据等基础功能，StaffService 类负责具体功能实现和相关文字提示，TestDB 类负责程序主菜单和功能调用。运行效果如图 3-24 所示。

```
********************欢迎使用员工信息管理系统****************************
1.设置奖金
2.添加员工
3.修改员工信息
4.删除员工
请输入你的选择：2
请输入员工姓名：曹操
请输入员工性别：男
请输入员工年龄：40
请输入员工薪资：8000
请输入个人所得税每月减免额度：5000
员工信息插入成功!
--------------------员工信息--------------------
工号    姓名    年龄    性别    薪资      奖金       税金
1       李四    25      男      3000.0    10000.0    200.0
2       张三    28      男      3300.0    12000.0    210.0
3       王五    35      男      6000.0    3000.0     4980.0
4       曹操    40      男      8000.0    3000.0     7380.0
-----------------------------------------------
是否继续输入：
```

图 3-24　运行效果

任务实施

首先完成 StaffDB 类的增删改查功能，然后完成 StaffService 类中添加员工、修改员工信息、删除员工、设置奖金功能，再完成 TestDB 类中的主菜单功能。

① StaffDB.java→添加 insert()、delete()、update()、findStaffByID()、findAll()方法。

```
package chapter03.nyjj.stu.soft.db;
import java.sql.Connection;
import java.sql.DriverManager;
import java.sql.ResultSet;
import java.sql.SQLException;
import java.sql.Statement;
import java.util.ArrayList;
import java.util.List;
public class StaffDB {
    ...数据库连接代码略...
    public void insert(Staff staff) {
        String sql ="insert into staff(name,sex,age,salary,bonus,tax) values("
            + " ' "+staff.getName()+" ',"+ " ' "+staff.getSex()+" ',"+ staff.
            getAge()+"," + staff.getSalary()+","+staff.getBonus()+","+
            staff.getTax()+")";
        Connection conn=getConnection();
        Statement stmt=null;
        try {
            stmt=conn.createStatement();
            int num=stmt.executeUpdate(sql);
            if (num > 0) {
                System.out.println("员工信息插入成功!");
            }
        } catch (SQLException e) {
            e.printStackTrace();
        } finally {
```

```java
                try {
                    stmt.close();
                    conn.close();
                } catch (SQLException e) {
                    e.printStackTrace();
                }
            }
        }
    public void delete(int id) {
        String sql="delete from staff where id="+id;
        Connection conn=getConnection();
        Statement stmt=null;
        try {
            stmt=conn.createStatement();
            int num=stmt.executeUpdate(sql);
            if (num > 0) {
                System.out.println("员工信息删除成功!");
            }
        } catch (SQLException e) {
            e.printStackTrace();
        } finally {
            try {
                stmt.close();
                conn.close();
            } catch (SQLException e) {
                e.printStackTrace();
            }
        }
    }
public void update(Staff staff) {
        String sql="update staff set name=' "+staff.getName()+" ',"+
                "sex=' "+staff.getSex()+" ', "+ "age="+staff.getAge()+" ,"+
                "salary="+staff.getSalary()+" ,"+"bonus="+staff.getBonus()+
                " ,"+"tax="+staff.getTax()+"where id= "+staff.getID();
        Connection conn=getConnection();
        Statement stmt=null;
        try {
            stmt=conn.createStatement();
            int num=stmt.executeUpdate(sql);
            if (num > 0) {
                System.out.println("员工信息更新成功!");
            }
        } catch (SQLException e) {
            e.printStackTrace();
```

```java
        } finally {
            try {
                stmt.close();
                conn.close();
            } catch (SQLException e) {
                e.printStackTrace();
            }
        }
    }
    public Staff findStaffByID(int _id) {
        String sql="select * from staff where id="+_id;
        Connection conn=getConnection();
        Statement stmt=null;
        ResultSet rs=null;
        try {
            stmt=conn.createStatement();
            rs=stmt.executeQuery(sql);
            if (rs.next()) {
                int id=rs.getInt("id");
                String name=rs.getString("name");
                String sex=rs.getString("sex");
                int age=rs.getInt("age");
                double salary=rs.getDouble("salary");
                double bonus=rs.getDouble("bonus");
                double tax=rs.getDouble("tax");
                Staff staff=new Staff(id,name, sex, age, salary, bonus, tax);
                return staff;
            }
        } catch (SQLException e) {
            // TODO Auto-generated catch block
            e.printStackTrace();
        } finally {
            try {
                rs.close();
                stmt.close();
                conn.close();
            } catch (SQLException e) {
                e.printStackTrace();
            }
        }
        return null;
    }
    public List<Staff> findAll() {
        List<Staff> staffList=new ArrayList<Staff>();
```

```
        String sql="select * from staff";
        Connection conn=getConnection();
        Statement stmt=null;
        ResultSet rs=null;
        try {
            stmt=conn.createStatement();
            rs=stmt.executeQuery(sql);
            while (rs.next()) {
                int id=rs.getInt("id");
                String name=rs.getString("name");
                String sex=rs.getString("sex");
                int age=rs.getInt("age");
                double salary=rs.getDouble("salary");
                double bonus=rs.getDouble("bonus");
                double tax=rs.getDouble("tax");
                Staff staff=new Staff(id,name, sex, age, salary, bonus, tax);
                staffList.add(staff);
            }
        } catch (SQLException e) {
            // TODO Auto-generated catch block
            e.printStackTrace();
        } finally {
            try {
                rs.close();
                stmt.close();
                conn.close();
            } catch (SQLException e) {
                e.printStackTrace();
            }
        }
        return staffList;
    }
}
```

② StaffService.java→添加 setBonus()、addStaff()、deleteStaff()、updateStaff()、showlistlInfo() 方法。

```
package chapter03.nyjj.stu.soft.db;
import java.util.ArrayList;
import java.util.InputMismatchException;
import java.util.List;
import java.util.Scanner;
import chapter03.nyjj.stu.soft.excption.MyException;
public class StaffService {
    private double bonus=3000;
```

```java
public void setBonus() {
    this.bonus=calcBonus();
}
public void addStaff() {
    StaffDB db=new StaffDB();
    Scanner sc=new Scanner(System.in);
    String is="y";
    do {
        try {
            Staff staff=new Staff();
            System.out.print("请输入员工姓名:");
            staff.setName(sc.next());
            System.out.print("请输入员工性别:");
            staff.setSex(sc.next());
            System.out.print("请输入员工年龄:");
            staff.setAge(sc.nextInt());
            System.out.print("请输入员工薪资:");
            staff.setSalary(sc.nextDouble());
            staff.setBonus(bonus);
            staff.setTax( calcTax(staff) );
            db.insert(staff);
            showlistlInfo();
            System.out.println("是否继续输入:");
            is=sc.next();
        } catch (Exception e) {
            System.err.println(
                "程序运行出错!请联系管理员,错误代码:");
            e.printStackTrace();
        }
    } while (is.equals("y"));
}
public void deleteStaff() {
    StaffDB db=new StaffDB();
    Scanner sc=new Scanner(System.in);
    String is="y";
    do {
        showlistlInfo();
        try {
            System.out.print("请输入需要删除的员工工号:");
            int id=sc.nextInt();
            db.delete(id);
            showlistlInfo();
            System.out.println("是否继续删除:");
            is=sc.next();
```

```java
            } catch (Exception e) {
                System.err.println(
                    "程序运行出错!请联系管理员,错误代码:");
                e.printStackTrace();
            }
        } while (is.equals("y"));
    }
    public void updateStaff() {
        StaffDB db=new StaffDB();
        Scanner sc=new Scanner(System.in);
        String is="y";
        do {
            showlistlInfo();
            try {
                System.out.print("请输入需要修改的员工工号:");
                int id=sc.nextInt();
                Staff staff =db.findStaffByID(id);
                if(staff !=null) {
                    System.out.print("请输入员工姓名:");
                    staff.setName(sc.next());
                    System.out.print("请输入员工性别:");
                    staff.setSex(sc.next());
                    System.out.print("请输入员工年龄:");
                    staff.setAge(sc.nextInt());
                    System.out.print("请输入员工薪资:");
                    staff.setSalary(sc.nextDouble());
                    System.out.print("请输入员工奖金:");
                    staff.setBonus(sc.nextDouble());
                    staff.setTax( calcTax(staff) );
                    db.update(staff);
                    showlistlInfo();
                }else {
                    System.out.println(
                        "该工号不存在,请检查后重新输入。");
                }
                System.out.println("是否继续修改:");
                is=sc.next();
            } catch (Exception e) {
                System.err.println(
                    "程序运行出错!请联系管理员,错误代码:");
                e.printStackTrace();
            }
        } while (is.equals("y"));

    }
```

```
    public void showlistlInfo() {
        StaffDB db=new StaffDB();
        List<Staff> staffList=db.findAll();
        if (staffList.size() > 0) {
            System.out.println("----------------员工信息----------------");
            System.out.println("工号\t\t姓名\t\t年龄\t\t性别\t\t薪资\t\t\t奖
金\t\t税金");
            for (int i=0;i < staffList.size();i++) {
                Staff staff=staffList.get(i);
                System.out.println( staff.getID()+"\t\t"
                                    + staff.getName()+"\t\t"
                                    + staff.getAge()+"\t\t"
                                    + staff.getSex()+"\t\t"
                                    + staff.getSalary()+"\t\t"
                                    + staff.getBonus()+"\t\t"
                                    + staff.getTax()
                        );
            }
            System.out.println("----------------------------------------");
        }
    }
    (计算奖金和税金方法略)
}
```

③ TestDB.java→修改 TestDB 类，加入主菜单，并调用相关方法。

```
package chapter03.nyjj.stu.soft.db;
import java.util.Scanner;
public class TestDB {
    public static void main(String[] args) {
        StaffService service=new StaffService();
        Scanner input=new Scanner(System.in);
        System.out.println("***********欢迎使用员工信息管理系统***********");
        System.out.println("1.设置奖金");
        System.out.println("2.添加员工");
        System.out.println("3.修改员工信息");
        System.out.println("4.删除员工");
        System.out.print("请输入你的选择:");
        int i=input.nextInt();
        switch (i) {
        case 1:
            service.setBonus();
            break;
        case 2:
            service.addStaff();
            break;
        case 3:
            service.updateStaff();
```

```
        break;
    case 4:
        service.deleteStaff();
        break;
    default:
        break;
    }
  }
}
```

代码说明

```
String sql="insert into staff(name,sex,age,salary,bonus,tax) values("
        +" ' "+staff.getName()+" ',"
        +" ' "+staff.getSex()+" ',"
        +staff.getAge()+","
        +staff.getSalary()+","
        +staff.getBonus() + ","
        +staff.getTax()+")";
```

上述代码在 StaffDB 类中出现，主要作用为拼接一个 SQL 语句，实现插入员工信息功能，由于字段较多，所示语句比较长，需要多次拼接字符串。

```
Connection conn=getConnection();
```

上述代码在 StaffDB 类中出现，是执行数据库操作前的准备工作，主要功能为建立数据库连接。

```
stmt=conn.createStatement();
int num=stmt.executeUpdate(sql);
if (num > 0) {
    System.out.println("员工信息插入成功!");
}
```

上述代码在 StaffDB 类中出现，利用创建好的数据库连接对象 conn 创建一个 Statement 对象，名称为 stmt。该对象可以调用 executeUpdate()方法来执行 SQL 语句，执行完成后会返回 int 类型的数据，代表数据库中被影响的行数，如果大于 0，表示 SQL 语句执行成功。executeUpdate()方法可以执行插入、删除、修改操作的 SQL 语句。

```
stmt=conn.createStatement();
rs=stmt.executeQuery(sql);
```

上述代码在 StaffDB 类中出现，利用 conn 创建 Statement 对象后，stmt 调用了 executeQuery()方法。该方法用于执行查询 SQL 语句，并返回一个 ResultSet 结果集对象，名称为 rs，从数据库中查询到的结果将存储在 ResultSet 对象中。

```
if (rs.next()) {
    int id=rs.getInt("id");
    String name=rs.getString("name");
    String sex=rs.getString("sex");
    int age=rs.getInt("age");
    double salary=rs.getDouble("salary");
```

```
    double bonus=rs.getDouble("bonus");
    double tax=rs.getDouble("tax");
    Staff staff=new Staff(id,name, sex, age, salary, bonus, tax);
    return staff;
}
```

上述代码在 StaffDB 类中出现，利用 ResultSet 对象 rs 调用 next()方法，如果没有查询到结果，next()方法将返回 false，如果查询到数据，执行该方法会将游标移动到数据位置，并返回 true，此时可以调用 rs 中 get×××()方法提取结果集中的数据。上述代码调用该方法时传入的参数为数据库表的字段名，这里的参数必须和数据库表中的字段名相同，也可以接收传入表中的字段位置。

```
while (rs.next()) {
    ……
    Staff staff=new Staff(id,name, sex, age, salary, bonus, tax);
    staffList.add(staff);
}
```

上述代码在 StaffDB 类中出现，在执行查询操作时，可能查询到多条数据存储在 ResultSet 中，这时可以通过循环重复执行 next()方法，每次循环都可以提取游标所在行的数据，并将该行数据以对象的形式存储在集合中。也就是说每循环一次就可以读取一条 ResultSet 中的数据，随着循环的执行，会逐条地将 ResultSet 中的数据读取出来。

```
try {
    rs.close();
    stmt.close();
    conn.close();
} catch (SQLException e) {
    e.printStackTrace();
}
```

上述代码在 StaffDB 类中出现，分别为关闭 ResultSet、关闭 Statement、关闭数据库连接，需要按顺序关闭，否则可能关闭失败。

```
StaffDB db=new StaffDB();
db.insert(staff);
```

上述代码在 StaffService 类中出现，首选创建 StaffDB 对象，并调用该对象的 insert()方法，执行员工信息添加操作。

```
Staff staff =db.findStaffByID(id);
if(staff !=null) {
    ……
    db.update(staff);
    showlistlInfo();
}else {
    System.out.println("该工号不存在,请检查后重新输入。");
}
```

上述代码在 StaffService 类中出现，用于修改员工信息。在正式执行修改之前，需要通过 findStaffByID()方法查询该员工是否存在，如果已有该员工数据，才可以开始修改。

```
StaffDB db=new StaffDB();
List<Staff> staffList=db.findAll();
```

上述代码在 **StaffService** 类中出现，主要是通过 findAll()方法查询数据库中所有的员工信息。

知识解析

3.10.1 Connection 接口

JDBC 程序中的 Connection 接口，代表数据库的连接。Connection 是数据库编程中的重要接口，通过 Connection 对象才能实现数据库的访问。Connection 中的常用方法如表 3-12 所示。

表 3-12 Connection 中的常用方法

方法名称	说明
Statement createStatement()	创建一个 Statement 对象，用于将 SQL 语句发送到数据库
PrepareStatement prepareStatement(sql)	创建一个 PrepareStatement 对象，可以将 SQL 语句发送到数据库

3.10.2 Statement 接口

Statement 接口用于执行静态的 SQL 语句，并返回一个结果对象。Statement 接口对象可以通过 Connection 实例中的 createStatement()方法获得，该对象会把静态的 SQL 语句发送到数据库中编译执行，然后返回数据库的处理结果。Statement 中的常用方法如表 3-13 所示。

表 3-13 Statement 中的常用方法

方法名称	说明
ResultSet executeQuery(String sql)	用于向数据发送查询语句，返回一个存储查询结果的 ResultSet 对象
int executeUpdate(String sql)	用于向数据库发送 insert、update 或 delete 语句，返回一个证书，表示数据库中受到影响的行数
boolean execute(String sql)	用于向数据库发送任意 SQL 语句，如果为 true 表示有查询结果，可以通过 Statement 中的 getResultSet()方法获取查询结果

3.10.3 ResultSet 接口

ResultSet 用于存储数据库的查询结果。ResultSet 存储查询结果时，采用类似于表格的方式。ResultSet 对象中有一个指向表格数据行的游标，初始的时候，游标在第一行数据之前，调用 next()方法，可以使游标向下移动指向第一行数据，如果第一行没有数据返回 false，如果有数据返回 true，表示此时可以调用提取数据的相关方法获取该行的数据。ResultSet 中的常用方法如表 3-14 所示。

表 3-14 ResultSet 的常用方法

方法名称	说明
String getString(int columnIndex)	获取 ResultSet 对象当前行中指定列的值，返回值为 String 类型。columnIndex 为数据表中字段的索引，从 1 开始
String getString(String columnLabel)	获取 ResultSet 对象当前行中指定列的值，返回值为 String 类型。columnLabel 为数据表中字段的名称
int getInt(int columnIndex)	获取 ResultSet 对象当前行中指定列的值，返回值为 int 类型。columnIndex 为数据表中字段的索引，从 1 开始

续表

方法名称	说明
int getInt (String columnLabel)	获取 ResultSet 对象当前行中指定列的值，返回值为 int 类型。columnLabel 为数据表中字段的名称
double getDouble (int columnIndex)	获取 ResultSet 对象当前行中指定列的值，返回值为 double 类型。columnIndex 为数据表中字段的索引，从 1 开始
double getDouble (String columnLabel)	获取 ResultSet 对象当前行中指定列的值，返回值为 double 类型。columnLabel 为数据表中字段的名称
boolean next()	该方法的作用是将数据库游标向下移动一位，使得下一行成为当前行。如果有数据返回 true
boolean last()	将当前行定位到 ResultSet 结果集的最后一行
void beforeFirst()	将游标定位到第一行之前

任务拓展

① 优化 StaffDB 类中的关闭数据库连接，释放资源代码，将相关功能代码进行整合，放到一个方法中，代码如下。

学习笔记：_____

_____

_____

参考代码

在 StaffDB 类中添加 release()方法，用于关闭 ResultSet、Statement、Connection，在其他方法中需要关闭时，可以直接调用该方法，在 insert()方法中的调用如下所示。

学习笔记：_____

_____

_____

参考代码

在 findAll()方法中的调用如下所示。

学习笔记：_____

_____

_____

参考代码

② 向数据库中插入一条数据，代码如下。

学习笔记：_____

_____

_____

参考代码

举一反三

实现录入、查询和修改学生成绩的功能。（根据理解，写出案例代码）

任务 3.11　优化员工信息管理功能

任务 3.11　优化员
工信息管理功能

任务分析

在上个任务中，SQL 语句需要拼接使用，在参数较多时，使用非常不方便，而且还可能引起 SQL 语句注入问题，本任务使用 PreparedStatement 来解决上述问题。

任务实施

在本任务实施过程中修改 StaffDB 类，利用 PreparedStatement 执行对象替换 Statement 对象，在使用过程中注意 PreparedStatement 执行对象与 Statement 对象的区别。

① StaffDB.java→修改 insert、delete、update、findStaffByID 方法，代码如下。

```
package chapter03.nyjj.stu.soft.db;
import java.sql.Connection;
import java.sql.DriverManager;
import java.sql.PreparedStatement;
```

```java
import java.sql.ResultSet;
import java.sql.SQLException;
import java.sql.Statement;
import java.util.ArrayList;
import java.util.List;
public class StaffDB {
    …数据库连接字符串略…
…getConnection()略…
    public void insert(Staff staff) {
        String sql=
            "insert into staff( " +
            "name,sex,age,salary,bonus,tax) values(?,?,?,?,?,?)";
        Connection conn=getConnection();
        PreparedStatement pstmt=null;
        try {
            pstmt=conn.prepareStatement(sql);
            pstmt.setString(1, staff.getName());
            pstmt.setString(2, staff.getSex());
            pstmt.setInt(3, staff.getAge());
            pstmt.setDouble(4, staff.getSalary());
            pstmt.setDouble(5, staff.getBonus());
            pstmt.setDouble(6, staff.getTax());
            int num=pstmt.executeUpdate();
            if (num > 0) {
                System.out.println("员工信息插入成功!");
            }
        } catch (SQLException e) {
            e.printStackTrace();
        } finally {
            release(null, pstmt, conn);
        }
    }
    public void delete(int id) {
        String sql="delete from staff where id=?" ;
        Connection conn=getConnection();
        PreparedStatement pstmt=null;
        try {
            pstmt=conn.prepareStatement(sql);
            pstmt.setInt(1, id);
            int num=pstmt.executeUpdate();
            if (num > 0) {
                System.out.println("员工信息删除成功!");
            }
        } catch (SQLException e) {
            e.printStackTrace();
        } finally {
            release(null, pstmt, conn);
```

```
        }
    }
    public void update(Staff staff) {
        String sql=
                "update staff set "+
                "name=?,sex=?, age=? ,salary=? ,bonus=? ,tax=? " +
                "where id=? " ;
        Connection conn=getConnection();
        PreparedStatement pstmt=null;
        try {
            pstmt=conn.prepareStatement(sql);
            pstmt.setString(1, staff.getName());
            pstmt.setString(2, staff.getSex());
            pstmt.setInt(3, staff.getAge());
            pstmt.setDouble(4, staff.getSalary());
            pstmt.setDouble(5, staff.getBonus());
            pstmt.setDouble(6, staff.getTax());
            pstmt.setInt(7, staff.getID());
            int num=pstmt.executeUpdate();
            if (num > 0) {
                System.out.println("员工信息更新成功!");
            }
        } catch (SQLException e) {
            e.printStackTrace();
        } finally {
            release(null, pstmt, conn);
        }
    }
    public Staff findStaffByID(int _id) {
        String sql="select * from staff where id=?" ;
        Connection conn=getConnection();
        PreparedStatement pstmt=null;
        ResultSet rs=null;
        try {
            pstmt=conn.prepareStatement(sql);
            pstmt.setInt(1, _id);
            rs=pstmt.executeQuery();
            if (rs.next()) {
                int id=rs.getInt("id");
                String name=rs.getString("name");
                String sex=rs.getString("sex");
                int age=rs.getInt("age");
                double salary=rs.getDouble("salary");
                double bonus=rs.getDouble("bonus");
                double tax=rs.getDouble("tax");
                Staff staff=new Staff(id,name, sex, age, salary, bonus, tax);
                return staff;
```

```
        }
    } catch (SQLException e) {
        // TODO Auto-generated catch block
        e.printStackTrace();
    } finally {
        release(rs, pstmt, conn);
    }
    return null;
}
```

 **代码说明**

```
Connection conn=getConnection();
PreparedStatement pstmt=null;
```

上述代码建立了数据库连接，并且创建了 PreparedStatement 引用，准备接收 Prepared-Statement 对象。

```
String sql="insert into staff" +
        "( name,sex,age,salary,bonus,tax) values(?,?,?,?,?,?)";
```

上述代码编写了一个执行插入操作的 SQL 语句，这里需要特别注意的是加入了 6 个问号，每一个问号都表示一个占位符，用于代替要插入的数据。后面我们可以利用 PreparedStatement 对象，为每个问号设置对应的数据。

```
pstmt=conn.prepareStatement(sql);
pstmt.setString(1,staff.getName());
pstmt.setString(2,staff.getSex());
pstmt.setInt(3,staff.getAge());
pstmt.setDouble(4,staff.getSalary());
pstmt.setDouble(5,staff.getBonus());
pstmt.setDouble(6,staff.getTax());
int num=pstmt.executeUpdate();
```

上述代码利用 Connection 对象的 prepareStatement()方法创建了 PreparedStatement 对象，在创建 PreparedStatement 的同时传入了需要执行的 SQL 语句，之后调用了 6 个 set×××()方法用于指定对应位置的数据。该方法第一个参数表示 SQL 语句中问号的位置，第二个参数表示执行 SQL 语句时该位置实际的数据。最后调用 executeUpdate()方法来执行 SQL 语句，并返回受到影响的行数。

知识解析

3.11.1 PreparedStatement 接口

在使用 Statement 执行 SQL 语句时，如果 SQL 语句的参数较多，就可能需要大量的字符串拼接，比较烦琐，拼接后的 SQL 语句不直观，容易出错；而且会带来 SQL 语句注入问题，我们可以使用扩展接口 PreparedStatement。

3.11.2 PreparedStatement 接口常用方法

PreparedStatement 是 Statement 的子类，用于执行预编译的 SQL 语句。该接口扩展了带有参数 SQL 语句的执行操作，应用该接口中的 SQL 语句可以使用占位符"?"来代替其参数，然后通过 set×××()方法为 SQL 语句的参数赋值。在 PreparedStatement 接口中，提供了一些常用方法，如表 3-15 所示。

表 3-15　PreparedStatement 常用方法

方法名称	说明
void setInt(int parameterIndex ,int x)	为 SQL 语句中的问号位置设置给定的值，参数 parameterIndex 表示问号位置，x 表示将要设置的值，类型为 int
void setString(int parameterIndex ,String x)	为 SQL 语句中的问号位置设置给定的值，参数 parameterIndex 表示问号位置，x 表示将要设置的值，类型为 String
void setDouble(int parameterIndex ,double x)	为 SQL 语句中的问号位置设置给定的值，参数 parameterIndex 表示问号位置，x 表示将要设置的值，类型为 double
int executeUpdate()	执行该 SQL 语句，它必须是一个 SQL 数据操纵语言（DML）语句，比如 INSERT、UPDATE 或 DELETE；或者不返回任何内容的 SQL 语句，例如 DDL 语句。执行后将返回被影响的行数

任务拓展

利用 PreparedStatement 实现数据修改，理解 JDBC 的基本操作步骤。代码如下。

学习笔记：

参考代码

举一反三

设计并实现图书增加、修改、删除、查询的书籍管理系统。（根据理解，写出案例代码）

思政园地

学习笔记：...
....
....
拓展阅读 ....

项目综合练习

一、操作题

1. 有一个学生类，属性：姓名、年龄、成绩。方法：showInfo()显示该学生信息。按照下列要求完成集合操作：

（1）创建一个 List，在 List 中增加三个学生，基本信息如下：

姓名	年龄	成绩
zhang3	18	78
li4	21	99
wang5	22	59

（2）在 li4 之前插入一个学生，姓名为 zhao6，年龄为 19，成绩为 89。

（3）删除 wang5 的信息。

（4）利用迭代遍历，对 List 中所有的学生调用 showInfo()方法。

2. 利用 JDBC 修改员工密码。将数据表 employee 中性别为"女"的员工密码修改为"hello"。

姓名	年龄	性别	密码
zhang3	18	女	123
li4	21	女	456
wang5	22	男	123

二、选择题

1. （   ）是在 Collection 接口中的定义。

    A. iterator()   B. isEmpty()   C. toArray()   D. setText()

2. 如果希望数据有序存储并且便于修改，可以使用（   ）Collection 接口的实现类。

    A. LinkedList   B. ArrayList   C. TreeMap   D. HashSet

3. 如果希望数据有序存储并且便于查询，可以使用（   ）Collection 接口的实现类。

    A. LinkedList   B. ArrayList   C. TreeMap   D. HashSet

4. 代码的运行结果是（   ）。

```
import java.util.*;
public class Test {
```

```
public static void main(String[] args) {
    List<Integer> list=new ArrayList<Integer>();
    Iterator<Integer> it=list.iterator();
    System.out.println(it.next());
}
}
```

    A. 0   B. 抛出异常   C. 编译错误   D. 运行错误

5. Java 中用来抛出异常的关键字是（   ）。

    A. try   B. catch   C. throw   D. finally

6. 关于异常，说法正确的是（   ）。

    A. 异常是一种对象

    B. 一旦程序运行，异常将被创建

    C. 为了保证程序运行速度，要尽量避免异常控制

    D. 以上说法都不对

7. （   ）类是所有异常类的父类。

    A. Throwable   B. Error   C. Exception   D. AWTError

8. Java 语言中，（   ）子句是异常处理的出口。

    A. try{…}子句   B. catch{…}子句

    C. finally{…}子句   D. 以上说法都不对

项目 4

开发文件管理程序

项目介绍

本项目的主要内容是完成文件管理程序的开发，具有文件复制、文件删除、文本编辑等功能，可以掌握简单网络通信、字节输入输出流、字符输入输出流、数据输入输出流的概念和用法以及文件操作的常用方式，详细介绍了 IO 流的常见操作、File 类常用方法的使用。

学习目标

【知识目标】
- 了解 IO 流的分类。
- 理解输入流和输出流的作用与意义。
- 掌握字节流、字符流的概念。
- 掌握 File 类访问文件系统的方法与步骤。

【技能目标】
- 能够使用字节流、字符流进行文件的读写。
- 可以利用 File 类实现文件查找与删除。

【思政与职业素养目标】
- 培养学生养成良好的编程习惯与严谨的工作作风。
- 锻炼学生的逻辑思维能力。
- 培养学生们关于版权保护的法律意识。

任务 4.1 下载并保存网络图片

任务 4.1 下载并保存网络图片

任务分析

本任务利用 IO 操作将网络中的图片保存到本地，通过网络请求获取图片数据的输入流（Input Stream），最后通过输出流（Output Stream）将图片数据保存到本地。效果如图 4-1 所示。

任务实施

在本任务实施过程中，首先从网络获取图片数据，然后创建输入输出流，通过输入流读取网络图片数据，最后将读取到的数据写入本地文

图 4-1 图片下载效果

件中。

```
package chapter04.task01;
import java.io.FileOutputStream;
import java.io.InputStream;
import java.io.OutputStream;
import java.net.URL;
import java.net.URLConnection;
public class ImageDownload {
    public static void main(String[] args) throws Exception {
     String url_img="http://xinguan.hnyjj.org.cn/images/logo.png";
     URL url=new URL(url_img);
     URLConnection con=url.openConnection();
     con.setConnectTimeout(5*1000);
     InputStream is=con.getInputStream();
     OutputStream os=new FileOutputStream("./logo1.png");
     byte[] bs=new byte[1024];
     int len;
     while ((len=is.read(bs)) != -1) {
       os.write(bs, 0, len);
     }
     os.close();
     is.close();
    }
}
```

代码说明

```
URL url=new URL(url_img);
URLConnection con=url.openConnection();
con.setConnectTimeout(5*1000);
```

上述代码的主要作用是从网络获取图片数据。第一行代码将图片地址作为参数传入 URL 中，创建 URL 对象。第二行代码利用 URL 类的对象与网络地址建立连接，得到 URLConnection 对象，在网络通信没有问题的情况下，可以利用该对象获取网络中的数据。第三行代码用于设置网络连接的超时时间，"5*1000"表示 5s 内如果没有成功获取连接（URLConnection 对象）将会出现网络连接超时异常："java.net.SocketTimeoutException: Connect timed out"。

```
InputStream is=con.getInputStream();
OutputStream os=new FileOutputStream("./logo1.png");
```

上述代码的作用是建立输入输出流，为网络图片下载与保存做好准备。其中，第一行代码是通过网络连接对象（URLConnection）获取输入流，将来可以通过输入流读取网络图片数据；第二行代码是预先建立输出流，为后续的网络图片存储做准备，FileOutputStream 类还可以判断对应路径中是否含有 logo1.png，如果没有，会在写入数据时自动创建。

```
byte[] bs=new byte[1024];
```

上述代码的目的是在内存中建立一个数据缓冲区，将来可以把数据的一部分先存入该缓冲区，再将数据从缓冲区写入硬盘，通过后续代码可以让这种操作重复执行，直到数据读取完毕。不将所有数据一次性读取到内存，可以避免读取数据量较大时，占用内存过大的问题。这种写法在数据读取时经常出现，通过缓冲区能够有效避免内存占用过多的问题。

```
while ((len=is.read(bs)) != -1) {
        os.write(bs, 0, len);
    }
```

上述代码的作用是将网络图片数据写入本地文件中，其中第一行代码中 is.read(bs)表示将输入流（is）中的数据存入缓冲区（bs），该方法会返回一个整数，表示存入缓冲区数据的个数（len）。因为缓冲区大小设置为 1024，所以每次循环会至多存入 1024 个字节的数据到缓冲区中，并在第二行代码中将缓冲区的数据通过输出流写入本地文件中。每次保存到本地的数据长度与 len 有关。同时当 read()方法的返回值为-1 时，表示输入流的数据都已经写入本地，循环将会结束。read()与 write()方法将在"知识解析"中详细解释。

```
os.close();
is.close();
```

上述代码的作用是关闭流，由于建立输入输出流以后，会占用一定的资源，在数据读写完成以后，应及时关闭，释放资源。

知识解析

4.1.1　URL 类

URL 代表一个统一资源定位符，通过它可以找到"互联网"中的资源。因此 Java 语言中的 URL 类的主要作用就是通过构造方法中的网络地址定位资源，主要方法如表 4-1 所示。

表 4-1　URL 类主要方法

方法	说明
URL URL(String spec)	构造方法，利用网络地址构建 URL 对象
URLConnection openConnection()	获取网络连接对象
String getFile()	获取请求资源，包含完整的请求参数
String getPath()	获取请求资源，不包含请求参数
String getQuery()	获取请求参数

4.1.2　URLConnection 类

想要从网络地址中获取资源需要使用 URLConnection 类，它是一个抽象类，通常代表着活动连接，创建活动连接后才可以获取资源，而想要打开活动连接需要如下几个步骤：

① 构造一个 URL 对象。
② 调用这个 URL 对象的 openConnection()获取一个对应该 URL 的 URLConnection 对象。
③ 配置这个 URLConnection。
④ 获得输入流并读取数据。
⑤ 获得输出流并写入数据。
⑥ 关闭连接。

4.1.3　流的概念

Java 程序通过流来读写数据，在计算机中"读数据"是把数据源中的数据读取（输入）到程序（内存）中，写数据是把程序（内存）中的数据写出（输出）到数据源中。想要顺利地读写数据，就需要建立程序（内存）与文件之间的通道，这条通道在 Java 中被称为"流"，也被称为 IO（输入输出）流。

比如计算机中有一个文本文档，此时文本文档的数据是保存在硬盘上的，当打开这个文本文档时，数据会从硬盘读取到内存中，打开文件的时间与文本文档数据的多少有关，所以在打开不同文件时，花费的时间也不同。打开文件的过程在 Java 中使用输入流实现，对应的顶级父类是 InputStream。当修改文本文档内容时，输入的数据会保存在内存中，在执行"保存"操作后，会将内存中的数据写入硬盘中。保存数据操作在 Java 中使用输出流实现，对应的顶级父类是 OutputStream。输入流与输出流如图 4-2 所示。

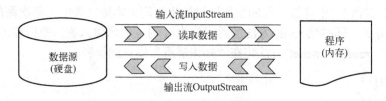

图 4-2　输入流与输出流

从上述的例子中可以看出 Java 中文件操作是以输入流和输出流为基础的，而输入和输出的参照物是内存。向内存输入数据时，是在执行读取数据操作；从内存输出数据时，是在执行写入数据操作。

4.1.4　流的分类

为了更好地处理不同类型的数据，IO 流分为很多种，如图 4-3 所示。根据数据流的流向划分，可以分为输入流和输出流。根据处理的数据单元不同，可以分为字节流和字符流。不同类型的流具有不同的特点。

输入流：只能从中读取数据，而不能向其中写入数据。

输出流：只能向其中写入数据，而不能从中读取数据。

字节流：操作的最小单元为 8 位的字节，例如图片的操作。

字符流：操作的最小数据单元是 16 位的字符，例如汉字。

4.1.5　字节流

字节流是程序中最常用的流，其中 InputStream 是所有字节输入流的父类，OutputStream 是所有字节输出流的父类，如图 4-4 所示。

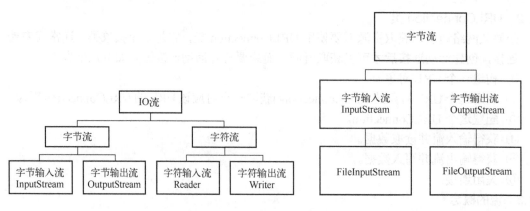

图 4-3　IO 流的分类　　　　　　　　图 4-4　字节流的主要子类

在 InputStream 类中提供了常用方法，如表 4-2 所示。第一个 read()方法每次调用只读取一个字节，会按顺序将输入流中的数据读取，而第二个和第三个 read()方法则将输入流中的数据读取到字节数组中，方便后续处理，提高处理数据的效率。

表 4-2 InputStream 类常用方法

方法	说明
int read()	从流中逐个字节读取数据，当读取结束时返回-1
int read(byte[] b)	从流中读取最多 b.length 字节的数据，并存储到数组 b 中，将返回实际存入 b 中的字节数，读取结束时会返回-1
int read(byte[] b, int off, int len)	这个方法是将这个流中的数据存储到字节数组 b 中，off 表示 b[]中的起始偏移量，len 表示读取内容的最大长度
void close()	关闭此输入流并释放与该流关联的所有系统资源

在 OutputStream 类中常用的方法如表 4-3 所示。OutputStream 类中定义了 write()方法，可以使用 write()方法将内存中的数据写入指定的文件中。

表 4-3 OutputStream 类常用方法

方法	说明
public void write(int i)	将指定的数据写入输出流
public void write(byte []b)	将字节数组 b 中的全部数据写入此输出流
public void write(byte []b, int off, int len)	在字节数组 b 中写入此输出流，off 表示开始读取数据的位置，len 表示读取的个数
void flush()	刷新输出流，并强制输出缓冲中的数据
void close()	关闭此输出流并释放与该流关联的所有系统资源

为了方便磁盘文件的读写操作，Java 定义了字节流的子类，专用于读写原始字节流，如图像、声音数据等。这些是文件字节输入输出流（FileInputStream 和 FileOutputStream），拥有字节流的基本特性，常用方法与字节流相同。文件字节流的特殊之处主要在于构造方法。文件字节输入流常用的构造方法如表 4-4 所示。FileInputStream 类用于读取文件中的数据，向构造方法传递 File 对象或文件名后，会直接将文件转化为输入流，并利用 read()方法读取数据，数据的读取方式与普通输入流相同。需要注意，如果构造方法中的文件路径不正确，会抛出 FileNotFoundException 异常。

表 4-4 FileInputStream 文件字节输入流常用的构造方法

方法	说明
public FileInputStream(File file) throws FileNotFoundException	根据 File 对象来创建一个 FileInputStream 类的对象
public FileInputStream(String name) throws FileNotFoundException	根据文件名称来创建一个可供读取的输入流对象

文件字节输出流常用的构造方法如表 4-5 所示。FileOutputStream 类可以将数据保存（输出）到文件中，向构造方法传递 File 对象或文件名后，会直接将文件转化为输出流，并利用 write()方法保存数据到文件，数据的保存方式与普通输出流相同。如果构造方法中的文件不

存在，但路径正确，将会自动创建该文件，如果出现路径错误，或者路径不可写等问题时，会抛出 FileNotFoundException 异常。

表 4-5　FileOutputStream 文件字节输出流常用的构造方法

方法	说明
public FileOutputStream(File file) throws FileNotFoundException	根据 File 对象来创建一个 FileOutputStream 类的对象
public FileOutputStream(String name) throws　FileNotFoundException	根据文件名称来创建一个可供写入数据的输出流对象，原先的文件会被覆盖

任务拓展

① 利用 Java 代码保存一段数据到文本文档中。

a. 代码如下。

参考代码

学习笔记：

b. 运行后会在源码根目录下生成一个 test.txt 文件，显示内容为"这是一个写入数据的测试"，如图 4-5 所示。

② 对"test.txt"文档内容进行读取，并显示在控制台中。

a. 代码如下。

学习笔记：

参考代码

b. 代码的执行效果如图 4-6 所示。

图 4-5　执行效果图　　　　　　　　　　　　图 4-6　读取文件效果图

举一反三

在"任务拓展"中加入缓存机制，使程序每次读写 1024 字节的数据。（根据理解，写出案例代码）

任务 4.2　复制网络图片

任务 4.2　复制
网络图片

任务分析

本任务通过字节缓冲流实现图片的复制，提升 IO 操作效率，加快图片的复制速度。在任务中记录了大小为 3MB 的图片复制时间，可以与其他 IO 操作方式进行对比。

任务实施

在任务实施过程中，首先创建节点流，利用节点流对象作为参数构造缓冲流，通过缓冲流实现图片的复制过程，并用变量存储了图片开始复制和结束复制的时间。

```java
package chapter04;
import java.io.*;
public class Copy_BufferedStream {
    public static void main(String[] args) {
```

```
        long beginTime=0;
        long endTime=0;
        try {
            FileInputStream is=new FileInputStream("tree.jpg");
            BufferedInputStream bis=new BufferedInputStream(is);
            FileOutputStream os=new FileOutputStream("image/tree.jpg");
            BufferedOutputStream bos=new BufferedOutputStream(os);
            int len;
            byte[] bs=new byte[2048];
            beginTime=System.currentTimeMillis();   //开始时间
            while ((len=bis.read(bs)) != -1) {
                    bos.write(bs,0,len);
            }
            endTime=System.currentTimeMillis();      //结束时间
            System.out.println("字节缓冲流耗时:"+(endTime - beginTime));
            bos.close();
            bis.close();
        } catch (FileNotFoundException e) {
            e.printStackTrace();
        } catch (IOException e) {
            e.printStackTrace();
        }
    }
}
```

代码说明

```
BufferedInputStream bis=new BufferedInputStream(is);
BufferedOutputStream bos=new BufferedOutputStream(os);
```

上述代码是在创建输入输出的缓冲流，需要在构造方法中分别传入输入流和输出流，创建 BufferedInputStream 和 BufferedOutputStream 对象。

```
beginTime=System.currentTimeMillis();
```

上述代码用于获取当前系统时间。通过 System.currentTimeMillis()方法可以知道复制前和复制后的时间，精确度为毫秒。

知识解析

BufferedInputStream 和 BufferedOutputStream 是一种缓冲流，使用它们读写数据时，并不会进行实际的读写操作，而是将数据暂时存放于缓冲区，待缓冲区数据达到一定限度时，一次性将缓冲区数据读入内存或写入磁盘。BufferedInputStream 和 BufferedOutputStream 类常用方法如表 4-6、表 4-7 所示。

表 4-6　BufferedInputStream 类常用方法

方法	说明
BufferedInputStream(InputStream in)	构造方法，使用默认缓冲区大小，并利用输入流构建该对象
BufferedInputStream(InputStream in, int size)	构造方法，使用 size 指定缓冲区大小，使用输入流构建该对象

续表

方法	说明
int available()	返回底层流对应的源中有效可供读取的字节数
void close()	关闭此流，释放与此流有关的所有资源
int read()	读取缓冲区中下一个字节
int read(byte[] b, int off, int len)	读取缓冲区中数据，并存入 b 中，off 表示开始读取数据的位置，len 表示读取的个数

表 4-7 BufferedOutputStream 类常用方法

方法	说明
BufferedOutputStream(OutputStream out)	构造方法，使用默认大小，并利用字节输出流对象构造该字节缓冲输出流对象。默认缓冲大小是 8192 字节（8KB）
BufferedOutputStream(OutputStream out, int size)	构造方法，使用 size 指定缓冲区大小，使用字节输出流对象构建该字节缓冲输出流对象
Void flush()	刷新该输出流中的缓冲。将缓冲数据写到目的文件中去
write(byte b)	写入一个字节
write(byte[] b, int off, int len)	将 b 的一部分写入缓冲区中，off 表示 b 的起始位置，len 表示写入数据的长度

  BufferedInputStream 继承于 FilterInputStream，提供缓冲输入流功能。缓冲输入流相对于普通输入流的优势是，它提供了一个缓冲数组，每次调用 read()方法的时候，它首先尝试从缓冲区里读取数据，若读取失败（缓冲区无可读数据），则选择从物理数据源（譬如文件）读取新数据放入缓冲区中，最后再将缓冲区中的内容部分或全部返回给用户。从缓冲区里读取数据远比直接从物理数据源（譬如文件）读取速度快。BufferedOutputStream 类继承于 FilterInputStream，其缓冲原理与 BufferedInputStream 类似。

任务拓展

  ① 为文件管理器添加文件复制功能。代码如下。

  a. FileUtil.java→文件工具类。

学习笔记：

参考代码

  b. DocumentManager.java→测试类。

学习笔记：

参考代码

② 利用字节流实现图片复制，记录执行时间，并与缓冲流方式进行对比。

a．代码如下。

学习笔记：_____

_____

_____

参考代码 _____

b．利用字节流实现复制效果耗时 19ms，利用字节缓冲流实现复制效果耗时 8ms，如图 4-7 所示。

图 4-7　数据读取速度对比

举一反三

读取一个文件，并将文件内容在屏幕上显示出来。（根据理解，写出案例代码）

_____

_____

_____

_____

_____

_____

_____

_____

_____

_____

_____

_____

_____

_____

_____

任务 4.3　利用字符流创建记事本文件

任务 4.3　利用字符
流创建记事本文件

任务分析

使用字节流创建文件，读写字符类型数据时，操作较为烦琐。本任务利用字符流创建记事本，可以更有效率、更加方便地完成，通过记事本内容的保存与读取，体现字符流的优势。效果如图 4-8 所示。

图 4-8　字符流文件创建记事本效果

任务实施

在本任务实施过程中，创建 CreateTXTFile 类，在类的方法中创建一个字符输出流对象，使用 write()方法向记事本文件中写入字符串内容，然后创建 ReadFile 类，在类的方法中创建字符输入流对象，使用输入流对象的 read()方法将文本文件中的内容读出，并在控制台中输出。

① CreateTXTFile.java→字符输出流实现字符内容的写入操作。

```java
package chapter04.task03;
import java.io.*;
public class CreateTXTFile {
    public static void main(String args[]) throws IOException {
        FileWriter writer=new FileWriter("task03_1.txt");
        writer.write("这是一个测试");
        writer.flush();
        writer.close();
    }
}
```

② ReadFile.java→字符输入流实现文件的读取操作。

```java
package chapter04.task03;
import java.io.*;
public class ReadFile {
    public static void main(String args[]) throws IOException {
        FileReader fr=new FileReader("task03_1.txt");
```

```
        char [] a=new char[50];
        int len=0;
        while( (len=fr.read(a)) != -1 ){
            String str=new String(a,0,len);
            System.out.print(str);
        }
        fr.close();
    }
}
```

📎 **代码说明**

```
FileWriter writer=new FileWriter("task03_1.txt");
writer.write("这是一个测试");
writer.flush();
writer.close()
```

上述代码是利用文件字符流创建 FileWriter 对象，并写入内容。第一行代码利用文件名创建 FileWriter，第二行代码是将文本内容写入缓冲区，第三和第四行代码将数据保存到磁盘后，释放资源。

```
char [] a=new char[50];
```

定义字节数组，存储读取出来的数据。由于 FileReader 类中不能方便地获取文件大小，所以将字节数组长度定义为 50。

```
while( (len=fr.read(a)) != -1 ){
    String str=new String(a,0,len);
    System.out.print(str);
}
```

上述代码是利用 FileReader 对象，将缓冲区数据读取到字节数组 a 中，并将字节数组转换为字符串后输出。

📚 **知识解析**

4.3.1 字符流常用方法

字符流的顶级父类有 Reader 和 Writer。字符流以一个字符（两个字节）的长度为单位来进行数据处理，并进行适当的字符编码转换处理。它们常用的方法如表 4-8 和表 4-9 所示。

表 4-8 Reader 类常用方法

方法	说明
void close()	关闭输入流，释放资源
int read()	从输入流读取一个字符。如果到达文件结尾，则返回-1
int read(char[] cbuf)	从输入流中将指定个数的字符读入数组 cbuf 中，并返回读取成功的实际字符数目。如果到达文件结尾，则返回-1
int read(char[] cbuf, int off, int len)	从输入流中将 len 个字符从 cbuf [off]位置开始读入数组 cbuf 中，并返回读取成功的实际字符数目。如果到达文件结尾，则返回-1
boolean ready()	通知此流是否已准备好被读取

表 4-9 Writer 类常用方法

方法	说明
void flush()	强制输出流中的字符输出到指定的输出流
void write(char[] cbuf)	将一个完整的字符数组写入输出流中
void write(int c)	将一个字符写入输出流中
void write(String str)	写入一个字符串到输出流中
void write(String str, int off, int len)	将指定字符串 str 中从偏移量 off 开始的 len 个字节写入输出流

4.3.2 FileReader 和 FileWriter 类

在实际使用过程中，一般使用它们的子类，FileReader 和 FileWriter 就是字符流常用子类，实现了记事本文件的创建和读取。FileReader 和 FileWriter 需要通过带参构造方法创建对象，在读写操作时使用父类的方法即可。常用的构造方法如表 4-10 和表 4-11 所示。

表 4-10 FileReader 类构造方法

方法	说明
public FileReader (File file)	根据 File 对象来创建一个可读取字符的输入流对象
public FileReader (String name)	根据文件名称来创建一个可读取字符的输入流对象

使用 FileReader 类读取文件，必须先调用构造方法创建 FileReader 类的对象，再利用它来调用 read()方法。如果创建输入流时对应的文件不存在，则抛出 FileNotFoundException 异常，需要对其进行异常处理。

表 4-11 FileWriter 类构造方法

方法	说明
public FileWriter (File file)	根据 File 对象来构造一个 FileWriter 对象
public FileWriter (String name)	根据文件名称来创建一个可供写入字符数据的输出流对象，原先的文件会被覆盖

使用 FileWriter 类将数据写入文件，必须先调用构造方法创建 FileWriter 类的对象，再利用它来调用 write()方法。FileWriter 对象向文件写入数据时，如果文件不存在将会自动创建文件，然后将数据写入该文件中。

 任务拓展

通过键盘输入一段文字，并将这段文字保存到文件中，补充空缺位置代码。
① 代码如下。

学习笔记： ....

....

....

参考代码 ....

② 执行后，将创建文件 "task03_2.txt"，并保存输入的信息到该文件中，运行后的效果如图 4-9 所示。

图 4-9　文件创建效果

举一反三

在键盘上输入字符，分别用字节流和字符流两种方式存入文件中。（根据理解，写出案例代码）

任务 4.4　利用字符缓冲流编辑和保存记事本内容

任务分析

　　字符流在一定程度上简化了字符读写操作,不过利用字符缓冲流,可以进一步地提高字符读写的效率,同时在一定程度上可以简化代码。本任务就是利用字符缓冲流实现文本文档内容的读取和修改,效果如图4-10所示。

图4-10　文件编辑效果

任务实施

　　在本任务实施过程中,首先创建字符流对象,利用字符流对象作为参数构造字符缓冲流,通过缓冲流实现记事本文件内容的读写操作。在实现过程中注意理解文件缓冲流在实际使用过程中的作用。

任务 4.4　利用字符
缓冲流编辑和
保存记事本内容

```java
package chapter04.task03;
import java.io.BufferedReader;
import java.io.BufferedWriter;
import java.io.FileReader;
import java.io.FileWriter;
import java.io.IOException;
import java.util.Scanner;
public class EditTxtFile {
    public static void main(String[] args) throws IOException {
        // 为原始数据构建输入流
        FileReader fr=new FileReader("Hello.txt"); //创建 FileReader 对象
        BufferedReader br=new BufferedReader(fr);  //创建 BufferedReader 对象
        System.out.println("当前记事本中的内容为:");
        String line="";
        while ((line=br.readLine()) != null) {
            System.out.println(line);
        }
        // 准备目标文件的输出流
        FileWriter fw=new FileWriter("Hello.txt"); //创建 FileWriter 对象
        BufferedWriter bw=new BufferedWriter(fw);  //创建 BufferedWriter 对象
        System.out.println("-------------------------------------------");
        System.out.println("请输入文件的新内容,输入"save"退出编辑状态,并保存数据:");
        Scanner input=new Scanner(System.in);
        String content="";
        while (!content.equals("save")) {
            content=input.next();
            if (!content.equals("save")) {
```

```
            bw.write(content);
            bw.newLine();
            bw.flush();
        }
    }
    bw.close();
    br.close();
    }
}
```

代码说明

```
while ((line=br.readLine()) != null) {
    System.out.println(line);
}
```

上述代码从 BufferedReader 对象 br 中读取字符，并利用 readLine()方法按行读取文件中的内容，在循环中将读取到的内容显示出来。

```
while (!content.equals("save")) {
    content=input.next();
    if (!content.equals("save")) {
        bw.write(content);
        bw.newLine();
        bw.flush();
    }
}
```

上述代码的主要功能是接收用户输入数据，并利用 BufferedWriter 类对象 bw 将数据写入指定文件中。用户输入的数据会先存入变量 content，如果用户输入"save"，将不会执行写入操作，最后会退出 while 循环。

知识解析

字符缓冲流与字节缓冲流类似，可以从字符输入流中读取文本，并缓冲各个字符，从而实现字符数据的高效读取。通过构造函数指定缓冲区大小，也可以使用默认大小。BufferedReader 类常用方法如表 4-12 所示。

表 4-12　BufferedReader 类常用方法

方法	说明
BufferedReader(Reader in)	构造方法，利用字符输入流创建对象，缓冲区为默认大小
BufferedReader(Reader in,int sz)	构造方法，利用字符输入流创建对象，sz 用于指定缓冲区大小
int read()	读取单个字符，若到流末尾，返回-1
int read(char[] cbuf)	读取字符到数组 cbuf 中，若到流末尾，返回-1
String readLine()	读取一个文本行，当遇到换行时，将被认定为该行终止，若已达流末尾，返回 null
void close()	关闭流，释放资源

BufferedReader 类可以从字符输入流中读取数据，并存入缓冲区，该类中的 readLine()方法可以非常方便地以字符串的形式读取缓冲区的数据。BufferedWriter 类常用方法如表 4-13 所示。

表 4-13 BufferedWriter 类常用方法

方法	说明
BufferedWriter (Writer out)	构造方法，创建缓冲区字符输出流对象
BufferedWriter(Writer out,int size)	构造方法，创建缓冲区字符输出流对象，size 指定缓冲区大小
void write (int c)	写入单个字符
void write (String str)	写入字符串
void newLine()	写入一个行分隔符
void flush()	刷新该流中的缓冲。将缓冲数据写到目的文件中去
void close()	关闭流，但要先刷新它

BufferedWriter 类可以将字符写入文件中，该类除了可以更高效率地写入数据外，还可以直接对字符串进行操作。

任务拓展

① 将编辑文本文档功能加入"文件管理器中"。代码如下。

a. FileUtil.java→在文件工具类中添加 editText()方法。

学习笔记：

参考代码

b. DocumentManager.java→修改测试类。

学习笔记：

参考代码

② 利用字符缓冲流实现文件内容的复制。

a. 代码如下。

学习笔记：

参考代码

b. 执行后将生成一个"复制的文件.txt"，文件的内容与源文件相同，效果如图 4-11 所示。

图 4-11　文件复制效果图

举一反三

在程序中写一个"HelloJavaWorld 你好世界"输出到记事本文件 Hello.txt 中。（根据理解，写案例代码）

任务 4.5　利用数据流读写不同类型数据

任务 4.5　利用数据流
读写不同类型数据

　任务分析

无论是字节流还是字符流，在读写数据时，是不区分数据类型的，所有数据都是以字符形式读写的，在某些场景下读写数据不够便捷，而利用数据流可以直接读写不同数据类型的内容，让数据读写更有效率。效果如图 4-12 所示。

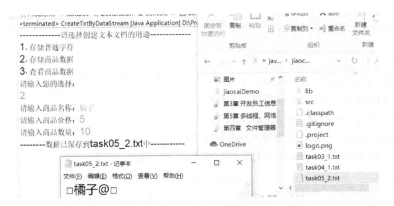

图4-12 利用数据流保存指定类型数据效果图

任务实施

在本任务实施过程中，修改 FileUtil 类，添加 3 个方法。createTXTMenu()方法用来创建文件管理菜单，createGoodsFile()方法用来将不同类型的数据存储到文本文件中，readGoods-File()方法用来读取文件中不同类型的数据。最后在 DocumentManager.java 类中修改提示信息，调用创建文本文档功能。

① FileUtil.java→修改 FileUtil 类，添加 3 个方法。

```java
public void createTXTMenu() {
    System.out.println("--------------请选择创建文本文档的用途--------------");
    System.out.println("1.存储普通字符");
    System.out.println("2.存储商品数据");
    System.out.println("3.查看商品数据");
    System.out.println("请输入您的选择:");
    int i=input.nextInt();
    switch (i) {
    case 1:
        //调用存储普通字符的方法
        break;
    case 2:
        createGoodsFile();
        break;
    case 3:
        readGoodsFile();
        break;
    default:
        System.out.println("选择错误!");
        break;
    }
}

public void createGoodsFile() {
```

```
        System.out.println("------正在创建文本文档,数据将保存到 task05_1.txt 中
------");
    System.out.print("请输入商品名称:");
    String goodsName=input.next();
    System.out.print("请输入商品价格:");
    double price=input.nextDouble();
    System.out.print("请输入商品数量:");
    int num=input.nextInt();
    try {
        DataOutputStream dos=
                new DataOutputStream(new FileOutputStream("task05_1.txt"));
        dos.writeUTF(goodsName);
        dos.writeDouble(price);
        dos.writeInt(num);
        dos.close();
        System.out.println("-------数据已保存到task05_1.txt中----------");
    } catch (IOException e) {
        // TODO Auto-generated catch block
        e.printStackTrace();
    }
}
public void readGoodsFile() {
    System.out.println("--------正在读取task05_1.txt中的数据-----------");
    try {
        DataInputStream dis=
                new DataInputStream(new FileInputStream("task05_1.txt"));
        String goodsName=dis.readUTF();
        double price=dis.readDouble();
        int num=dis.readInt();
        System.out.println("商品名称:"+goodsName);
        System.out.println("商品价格:"+price);
        System.out.println("商品数量:"+num);
        dis.close();
    } catch (IOException e) {
        // TODO Auto-generated catch block
        e.printStackTrace();
    }
}
```

② **DocumentManager.java**→修改提示信息,调用创建文本文档功能。

```
Scanner input=new Scanner(System.in);
FileUtil fileUtil=new FileUtil();
System.out.println("
*******************欢迎使用文件管理器****************************");
System.out.println("1.文件复制");
```

```
System.out.println("2.编辑文本文档");
System.out.println("3.创建文本文档");
System.out.print("请输入你的选择:");
int i=input.nextInt();
switch (i) {
case 1:
    fileUtil.copyFile();
    break;
case 2:
    fileUtil.editText();
    break;
case 3:
    fileUtil.createTXTMenu();
    break;
default:
    break;
}
```

代码说明

```
DataOutputStream dos =
        new DataOutputStream(new FileOutputStream("task05_1.txt"));
dos.writeUTF(goodsName);
dos.writeDouble(price);
dos.writeInt(num);
dos.close();
```

上述代码利用数据输出流创建文件，并将不同类型的数据存入文件中。第 1 行代码是创建一个数据输出流对象，紧接着利用 write×××()方法写入数据，在写入数据时，会按照对应的数据类型将数据写入文件中。最后需要将数据流关闭。

```
DataInputStream dis=
        new DataInputStream(new FileInputStream("task05_1.txt"));
String goodsName=dis.readUTF();
double price=dis.readDouble();
int num=dis.readInt();
```

上述代码利用数据输入流从文件中读取数据，它会按照数据类型的长度读取数据。首先需要利用文件输入流创建数据流对象，通过 read×××()方法进行数据读取。在使用数据输入流读取数据时，应读取数据输出流创建的文件，不建议读取普通字符文件数据。这是因为数据流是严格按照数据类型长度读取数据的，所以写入数据的顺序与读取数据的顺序也应该严格对应，否则可能会出现乱码。

知识解析

4.5.1　DataOutputStream 类

DataOutputStream 数据输出流继承于 FilterOutputStream，可以将 Java 基本数据类型写入基础输出流中，并通过数据输入流 DataInputStream 将数据读取。DataOutputStream 类的常用方法如表 4-14 所示。

表 4-14　DataOutputStream 类常用方法

方法	说明
DataOutputStream(OutputStream out)	参数传入的基础输出流,将数据实际写到基础输出流中
void write(byte[] b,int off,int len)	将 byte 数组 off 下标开始的 len 个字节写到 OutputStream 输出流对象中
void write(int b)	将指定字节的最低 8 位写入基础输出流
void writeBoolean(boolean b)	将一个 boolean 类型的数据以 1 字节形式写入数据输出流中
void writeByte(int v)	将一个字节的数据写入数据输出流中
void writeInt(int v)	将一个 int 类型的数据以 4 字节形式写入数据输出流中，先写高字节
void writeDouble(double d)	将一个 double 类型的数据以 8 字节形式写入数据输出流中
void writeUTF(String str)	以机器无关的方式使用 UTF-8 编码方式将字符串写到基础输出流中。先输出 2 个字节表示字符串的字节长度，再输出这些字节值

4.5.2　DataInputStream 类

　　DataInputStream 数据输入流继承于 FilterInputStream，可以让应用程序以与机器无关的方式从底层输入流中读取基本 Java 数据类型。DataInputStream 类的常用方法如表 4-15 所示。

表 4-15　DataInputStream 类常用方法

方法	说明
int read(byte b[])	从数据输入流读取数据存储到字节数组 b 中
int read(byte b[], int off, int len)	从数据输入流中读取数据存储到数组 b 中，位置从 off 开始，长度为 len 个字节
boolean readBoolean()	从数据输入流读取布尔类型的值。读取长度为 1 字节
int readInt()	从数据输入流中读取一个 int 类型数据，读取长度为 4 字节
double readDouble()	从数据输入流中读取一个 double 类型的数据，读取长度为 8 字节
String readUTF()	从数据输入流中读取用 UTF-8 格式编码的 UniCode 字符格式的字符串

　　在数据流中不但包含流的基本操作，还提供了多种方法用于专门读写各种类型数据，每次都会按照固定长度读写数据，比如调用 writeInt(5)时，会将数字 5 写入文件中，并占用 4 字节的长度，调用 readInt()时，会直接读取 4 字节长度的数据。如果在写入和读写时数据顺序出错，可能会引起乱码。

任务拓展

　　在"文件管理器"中加入存储"普通字符"功能。代码如下。
　　① FileUtil.java→修改 FileUtil 类，添加 createTXT 方法。

学习笔记：

参考代码

② 修改 DocumentManager 类，在注释位置调用该方法。

举一反三

编写程序，将一个文件中的内容添加到另外一个文件的尾部。（根据理解，写出相似的样例）

任务 4.6　查看目录文件

任务 4.6　查看
目录文件

 任务分析

通过输入输出流可以读写文件的内容，利用 File 类可以对文件本身进行操作，可以查看文件的相关信息，如文件名称、文件路径、文件大小、修改时间等信息，本任务就是利用 File 类来查看当前目录中文件的基本信息。运行效果如图 4-13 所示。

图 4-13　文件信息查看

任务实施

　　在本任务实施过程中，首先创建 File 对象，通过调用文件对象的相关方法访问目录或文件属性。

```java
package chapter04.task06;
import java.io.File;
import java.util.Scanner;
public class FileInfo {
    public static void main(String[] args) {
        File fileList=new File("./");
        System.out.println("当前目录中包含的文件有:");
        for (String name : fileList.list()) {
            System.out.println("\t"+name);
        }
        System.out.print("请输入您要查看的文件名:");
        Scanner input=new Scanner(System.in);
        String fileName=input.next();
        System.out.println(
------------------------"+fileName+"文件信息------------------------");
        File file=new File("./"+fileName);
        System.out.println("获得文件名称:"+file.getName());
        System.out.println("获得文件大小:"+file.length()+"B");// 字节
        System.out.println("是否为文件夹:"+file.isDirectory());
        System.out.println("获得绝对路径:"+file.getAbsolutePath());
        System.out.println("获得相对路径:"+file.getPath());
    }
}
```

代码说明

```java
File fileList=new File("./");
```

　　上述代码利用路径创建 File 对象，参数 "./" 表示当前路径。

```java
for (String name : fileList.list()) {
```

```
        System.out.println("\t"+name);
    }
```

上述代码的作用是显示 fileList 对象的路径中所有的文件名称，也包括文件夹。其中
fileList.list()是这段代码的核心，该方法会以字符串数组的形式显示路径下所有的文件和文件
夹的名称。

```
File file=new File("./"+fileName);
System.out.println("获得文件名称:"+file.getName());
System.out.println("获得文件大小:"+file.length()+"B");
System.out.println("是否为文件夹:"+file.isDirectory());
System.out.println("获得绝对路径:"+file.getAbsolutePath());
System.out.println("获得相对路径:"+file.getPath());
```

上述代码利用用户输入的文件名组成完整的路径，作为参数创建了 file 对象，此时该对
象代表了用户输入的文件或文件夹。利用 file.getName()等方法可以显示文件的相关信息。

知识解析

4.6.1　File 类

File 类是 java.io 包中代表磁盘文件本身的对象，如果希望在程序中操作文件和目录，可
以通过 File 类来完成，File 类以抽象的方式代表文件名和目录路径名。File 类不能访问文件
内容本身，如果需要访问文件内容本身，则需要使用输入输出流。

4.6.2　File 类常用方法

File 类定义了一些方法来操作文件，如新建、删除、重命名文件和目录等。常用方法如
表 4-16 所示。

表 4-16　File 类常用方法

方法	说明
File(String path)	如果 path 是实际存在的路径，则该 File 对象表示目录；如果 path 是文件名，则该 File 对象表示文件
File(String path, String name)	path 表示路径名，name 表示文件名
File(File dir, String name)	dir 表示 File 对象，name 表示文件名
boolean canRead()	测试应用程序是否能从指定的文件中进行读取
boolean canWrite()	测试应用程序是否能写当前文件
boolean delete()	删除当前对象指定的文件
boolean exists()	测试当前 File 对象是否存在
String getAbsolutePath()	返回由该对象表示的文件的绝对路径名
String getName()	返回表示当前对象的文件名或路径名（如果是路径，则返回最后一级子路径名）
String getParent()	返回当前 File 对象所对应目录（最后一级子目录）的父目录名
boolean isAbsolute()	测试当前 File 对象表示的文件是否为一个绝对路径名。该方法消除了不同平台的差异，可以直接判断 File 对象是否为绝对路径。在 UNIX/Linux/BSD 等系统上，如果路径名开头是一条斜线 "/"，则表明该 File 对象对应一个绝对路径；在 Windows 等系统上，如果路径开头是盘符，则说明它是一个绝对路径
boolean isDirectory()	测试当前 File 对象表示的文件是否为一个路径

续表

方法	说明
boolean isFile()	测试当前 File 对象表示的文件是否为一个"普通"文件
long lastModified()	返回当前 File 对象表示的文件最后修改的时间
long length()	返回当前 File 对象表示的文件长度
String[] list()	返回当前 File 对象指定的路径文件列表
String[] list(FilenameFilter filter)	返回当前 File 对象指定的目录中满足指定过滤器的文件列表
boolean mkdir()	创建一个目录，它的路径名由当前 File 对象指定
boolean renameTo(File)	将当前 File 对象指定的文件更名为给定参数 File 指定的路径名

任务拓展

完善"文件管理器"的复制功能。确认路径后，显示该路径下所有文件信息；输入文件名称后，显示该文件信息，让用户确认后，进行复制操作。代码如下。

FileUtil.java→修改 FileUtil 类，添加 fileList()和 showFileInfo()方法。

学习笔记：

参考代码

举一反三

用命令行参数输入一个文件名，判断其是否存在，若存在，显示其大小、创建时间、是否只读。（根据理解，写出案例代码）

任务 4.7　实现文件查找功能

任务分析

在进行文本文档编辑、文件复制时，已经能够显示选定目录的所有文件和文件夹，但是还不能有针对性地显示文件。应在编辑文档时显示选定目录中的所有文本文件，在进行文件复制时应仅显示文件，不应该显示文件夹。效果如图 4-14 所示。

```
1.选择当前目录
2.手动选择目录
请输入你的选择：1
当前目录中包含的文件/文件夹有：
    .classpath
    .gitignore
    .project
    logo.png
    task03_1.txt
    task04_1.txt
    task05_2.txt
请输入要复制的文件名：
```

图 4-14　文件筛选效果

任务实施

在本任务实施过程中，首先在 FileUtil.java 类中添加 SearchFile 和 SearchTXT 两个内部类，然后修改 selectPath()、fileList()、editText()、copyFile()、createTXT() 方法。

① FileUtil.java→添加内部类 SearchFile 和 SearchTXT。

```java
class SearchFile implements FilenameFilter {
    @Override
    public boolean accept(File dir, String name) {
        File currFile=new File(dir, name);
        return currFile.isFile();
    }
}
class SearchTXT implements FilenameFilter {
    @Override
    public boolean accept(File dir, String name) {
        File currFile=new File(dir, name);
        if (currFile.isFile()) {
            if (name.endsWith(".txt")) {
                return true;
            }
        }
        return false;
    }
}
```

② FileUtil.java→修改 selectPath()、fileList()、editText()、copyFile()、createTXT()方法。

```java
public String selectPath(FilenameFilter filter) {
    System.out.println("1.选择当前目录");
    System.out.println("2.手动选择目录");
    System.out.print("请输入你的选择:");
    int i=input.nextInt();
    switch (i) {
    case 1:
        fileList("./", filter);
```

```
                    return "./";
            case 2:
                System.out.print("请输入要复制的路径:");
                String path=input.next();
                fileList(path, filter);
                return path;
            default:
                System.out.println("你的选择出错");
                break;
        }
        return null;
    }
public void fileList(String path , FilenameFilter filter) {
        File fileList=new File(path);
        System.out.println("当前目录中包含的文件/文件夹有:");
        for (String name : fileList.list(filter)) {
            System.out.println("\t"+name);
        }
}
public void editText() {
    System.out.println("------正在进行文档编辑操作-----");
    String path=selectPath(new SearchTXT());
    ……
}
public void copyFile () {
    System.out.println("------正在进行复制操作-----");
    String path=selectPath(new SearchFile());
    ……
}
public void createTXT() {
    System.out.println("------正在创建文本文档-----");
    String path=selectPath(null);
        ……
}
```

代码说明

```
public void copyFile () {
    ……
    String path=selectPath(new SearchFile());
    ……
}
public void createTXT() {
    ……
    String path=selectPath(null);
    ……
}
```

```
public String selectPath(FilenameFilter filter) {
    ......
    switch (i) {
    case 1:
        fileList("./",  filter);
        return "./";
    case 2:
        ......
        fileList(path, filter);
        return path;
    ......
}
public void fileList(String path , FilenameFilter filter) {
    ......
    for (String name : fileList.list(filter)) {
        System.out.println("\t"+name);
    }
}
```

在上述代码中方法调用次数较多，重点关注 selectPath()方法的参数。该参数按照 selectPath()→fileList()→fileList.list()的顺序最终传递到了 fileList.list()方法中。该参数的作用是设置文件的显示规则，可以过滤 fileList.list()获得的文件/文件夹名称。

在 copyFile()和 createTXT()中均调用了 selectPath()方法，但是传递了不同的参数。SearchFile 对象设置了只显示文件的过滤规则，null 表示不过滤，将显示全部文件。定制过滤规则需要实现 FilenameFilter 接口。

```
class SearchFile implements FilenameFilter {
    @Override
    public boolean accept(File dir, String name) {
        ......
    }
}
```

SearchFile 类是 FilenameFilter 接口的实现类，在程序执行时，fileList. list()方法将得到指定路径下的所有文件/文件夹对象，并逐个将这些文件/文件夹对象逐个传递给 accept()方法参数，在 accept()方法体中判断当前文件/文件夹是否符合过滤规则。

```
File currFile=new File(dir, name);
return currFile.isFile();
```

上述代码是 accept()方法中制定的过滤规则，将当前文件/文件夹拼接为完整文件路径后，判断它是否为文件，并将判断结果作为 accept()方法的返回值。fileList. list()方法的返回值是一个由文件/文件夹名称组成的字符串数组，如果 accept()方法返回值为 true，对应的文件/文件夹会出现在该字符串数组中，如果为 false，将不会出现在该字符串数组中。

```
File currFile=new File(dir, name);
if (currFile.isFile()) {
    if (name.endsWith(".txt")) {
        return true;
```

```
        }
    }
```

上述是 SearchTXT 类中的过滤规则，将当前文件/文件夹拼接为完整文件路径后，判断该文件的名称是否以 ".txt" 结尾，如果以 ".txt" 结尾，将返回 true，那么该文件将来会被显示出来。

知识解析

FilenameFilter 接口可以用于列表中文件名的过滤，用来过滤不符合规格的文件，返回合格的文件。该接口有一个抽象方法 accept()，如表 4-17 所示。

表 4-17 accept()方法说明

方法	说明
boolean accept(File dir, String name)	用于指定文件的过滤规则。dir 表示当前路径，name 表示文件名

该方法是一个抽象方法，需要在实现类中编写方法体，从而设置合适的过滤规则。

任务拓展

利用匿名内部类的方式显示当前目录下的文件和文本文档。代码如下。

学习笔记：

参考代码

举一反三

在电脑 D 盘下创建一个名称为 HelloWorld.txt 的文件，判断它是文件还是目录，再创建一个目录"测试"，之后将 HelloWorld.txt 移动到"测试"目录下去，并显示"测试"目录下的文件。（根据理解，写出案例代码）

任务 4.8 实现文件删除功能

任务分析

在目前文件管理器的基础上，添加删除文件的功能。删除文件需要确认文件是否存在，在本任务中，需要将选定目录下的所有文件显示出来，让用户输入文件名称来执行删除，简化操作步骤。删除功能实现效果如图 4-15 所示。

```
*********************欢迎使用文件管理器**
1.文件复制
2.编辑文本文档
3.创建文本文档
4.删除文件
请输入你的选择：4
------正在进行删除操作-----
1.选择当前目录
2.手动选择目录
请输入你的选择：1
当前目录中包含的文件/文件夹有：
	.classpath
	.gitignore
	.project
	logo.png
	task03_1.txt
	task04_1.txt
	task05_2.txt
请输入要删除的文件名：logo.png
```

```
------------------------logo.png文件信息------------------------
获得文件名称:logo.png
获得文件大小:39233B
是否为文件夹:false
获得绝对路径:D:\Workspases\eclipse-workspace\java-tex
获得相对路径:.\logo.png
确认要删除该文件吗？
	按1确认
	按2取消
1
----文件logo.png已删除！-----
```

图 4-15　文件删除过程

任务实施

在本任务实施过程中，首先在 FileUtil.java 类中添加 delFile 方法，实现文件的删除功能，然后修改 DocumentManager.java 类，修改提示信息，调用删除文件功能，实现文件的删除操作。

① DocumentManager.java→修改提示信息，调用删除文件功能。

```
Scanner input=new Scanner(System.in);
FileUtil fileUtil=new FileUtil();
System.out.println("
********************欢迎使用文件管理器****************************");
System.out.println("1.文件复制");
System.out.println("2.编辑文本文档");
System.out.println("3.创建文本文档");
System.out.println("4.删除文件");
System.out.print("请输入你的选择:");
int i=input.nextInt();
switch (i) {
case 1:
    fileUtil.copyFile();
    break;
case 2:
```

```
        fileUtil.editText();
        break;
case 3:
        fileUtil.createTXTMenu();
        break;
case 4:
        fileUtil.delFile();
        break;
default:
        break;
```

② FileUtil.java→添加 delFile 方法。

```
public void delFile() {
    System.out.println("------正在进行删除操作-----");
    String path=selectPath(new SearchFile());
    if (path != null) {
        System.out.print("请输入要删除的文件名:");
        String fileName=input.next();
        showFileInfo(path, fileName);
        System.out.println("确认要删除该文件吗?");
        System.out.println("\t 按 1 确认");
        System.out.println("\t 按 2 取消");
        int i=input.nextInt();
        if (i == 1) {
            File file=new File(path+fileName);
            if (file.exists()) {
                if( file.delete() ) {
                    System.out.println("----文件"+ fileName+"已删除!-----");
                }else {
                    System.out.println("-----文件删除失败!-----");
                }
            }else {
                System.out.println("文件不存在!");
            }
        }
    }
}
```

代码说明

```
if (file.exists()) {
    if( file.delete() ) {
```

```
        System.out.println("-----文件"+ fileName+"已删除!-----");
    }else {
        System.out.println("-----文件删除失败!-----");
    }
}else {
    System.out.println("文件不存在!");
}
```

上述代码的作用是在文件存在的情况下，删除该文件。exists()可以判断当前文件是否存在，如果存在返回 true，不存在返回 false。delete()方法用于删除文件，如果成功删除则返回 true。

知识解析

4.8.1 delete()方法

File 类中 delete()方法可以删除一个指定的文件或文件夹，删除成功时该方法返回 true，删除失败时该方法返回 false。

4.8.2 delete()方法注意事项

在执行删除操作时需要注意：

① 待删除文件必须关闭，包括与之相关的输入输出流。

② 在删除文件夹时，如果该文件夹中包含文件或子文件夹，delete()方法将无法删除该文件夹，必须清空后才能删除。

任务拓展

删除指定目录中的所有文件。

① 代码如下。

学习笔记： ....

....

....

参考代码 ....

② 代码执行结果如图 4-16 所示。

```
当前目录中包含的文件/文件夹有:
    Hello.txt
    task01_1.txt
    task05_1.txt
    task05_2.txt
    tast03_2.txt
    tree.jpg
    复制的文件.txt
确认删除该目录中的所有文件/文件夹吗?
    按1确认
    按2取消
1
```

```
Hello.txt删除结果: true
task01_1.txt删除结果: true
task05_1.txt删除结果: true
task05_2.txt删除结果: true
tast03_2.txt删除结果: true
tree.jpg删除结果: true
复制的文件.txt删除结果: true
```

图 4-16　删除全部文件效果

举一反三

删除指定文件夹下的所有文件和文件夹。（根据理解，写出案例代码）
提示：删除文件夹，需要将该文件夹中的所有文件都删除，否则删除失败。

思政园地

学习笔记：

拓展阅读

项目综合练习

一、简答题

Java 中有几种类型的流？JDK 为每种类型的流提供了一些抽象类以供继承，请指出它们分别是哪些类？

二、操作题

1.找到一个大于 100KB 的文件，按照 100KB 为单位，拆分成多个子文件，并且以编号作为文件名结束，如文件 eclipse.exe，大小是 309KB。

拆分之后，成为：

① eclipse.exe-0。

② eclipse.exe-1。

③ eclipse.exe-2。

④ eclipse.exe-3。

2. 把上述拆分出来的文件合并成一个原文件。判断是否能正常运行，验证合并是否正确。

三、选择题

1. 使用 Java IO 流实现对文本文件的读写过程中，需要处理（　　）异常。

    A. ClassNotFoundException　　　　　　B. IOException

    C. SQLException　　　　　　　　　　　　D. RemoteException

2. File 类型中定义了（　　）方法来判断指定对象是否存在。

    A. createNewFile　　　B. exists　　　　　C. mkdirs　　　　　D. mkdir

3. 对文本文件操作用（　　）IO 流。（多选题）

    A. FileReader　　　　　　　　　　　　　B. FileInputStream

    C. RandomAccessFile　　　　　　　　　　D. FileWriter

4. 读写原始数据，一般采用（　　）流。（多选题）

    A. InputStream　　　　　　　　　　　　B. DataInputStream

    C. OutputStream　　　　　　　　　　　　D. BufferedInputStream

5. 为了提高读写性能，可以采用（　　）流。（多选题）

    A. InputStream　　　　　　　　　　　　B. DataInputStream

    C. BufferedReader　　　　　　　　　　　D. BufferedInputStream

    E. OutputStream　　　　　　　　　　　　F. BufferedOutputStream

项目 5

开发多线程程序

📖 项目介绍

本项目的主要内容是通过开发网络聊天室程序，实现多用户场景下的聊天、商品秒杀、抽奖功能。掌握线程与进程的概念、线程与进程的区别、线程的生命周期、线程状态转换、线程控制的基本方法、如何实现多线程、多个线程安全访问共享数据，能够使用 TCP 协议和 UDP 协议进行通信。详细介绍 Thread 类与 Runnable 接口的使用、线程类的属性和方法、线程池的创建和使用、网络基础知识、网络通信的基本原理、Socket 编程方法、网络编程与多线程结合方式。通过本项目的学习，重点掌握通过继承 Thread 类和实现 Runnable 接口实现多线程，利用 Socket 实现网络编程的常用方式。

📚 学习目标

【知识目标】
- 理解进程与线程的概念与区别，掌握线程生命周期的各种状态。
- 理解同步、互斥、死锁的概念。
- 理解线程池的概念。
- 理解 TCP/IP 协议，掌握常用的网络通信方式。
- 掌握 TCP 协议、UDP 协议的特点。

【技能目标】
- 能通过继承 Thread 类重写 run() 方法和实现 Runnable 接口实现 run() 方法创建线程。
- 会通过线程调度实现线程状态的转换。
- 会解决线程死锁问题。
- 会使用 Executors 实现线程池。
- 能够利用 Socket 编程实现网络通信。

【思政与职业素养目标】
- 培养学生的民族自豪感和自尊心。
- 树立正确的情感价值取向。
- 激发学生对祖国软件产业的热爱。

任务 5.1 开发积分抽奖功能

⚙ 任务分析

在 5 名用户中随机分配奖励积分，每名用户获得的积分不能重复，程序结

任务 5.1 开发积分抽奖功能

果如图 5-1 所示。

任务实施

在本任务实施过程中，首先创建抽奖用户类，在该类中定义了 5 个用户等属性，然后创建抽奖业务类，在抽奖业务类中利用线程实现具体的抽奖过程，最后创建抽奖执行类，启动用户线程。在编码过程中思考多线程的使用方式和意义。

用户1获得积分200
用户2获得积分66
用户3获得积分500
用户4获得积分100
用户5获得积分88

图 5-1　程序运行结果

① 抽奖用户类。

```java
package demo1;
public class ChouJiangPool {
    public String user1="用户 1";
    public String user2="用户 2";
    public String user3="用户 3";
    public String user4="用户 4";
    public String user5="用户 5";
    /** 奖池积分 */
    public int[] prizePool={66,200,88,100,500};
    /** 奖池总数 */
    public int num=prizePool.length;
    /** 已经使用过的 */
    public boolean[] usePrize=new boolean[num];
    /** 当前线程抽奖用户 */
    public String currentThreadUser=user1;
}
```

② 抽奖业务类。

```java
package demo1;
import java.util.Random;
public class ChouJiangUser implements Runnable {
    ChouJiangPool pool;
    public ChouJiangUser(ChouJiangPool pool) {
        this.pool=pool;
    }
    @Override
    public void run() {
        /** 是否还有剩余奖品可以抽取 */
        while (pool.num > 0) {
            synchronized (pool) {
                /** 获取抽奖用户名称 */
                String user=Thread.currentThread().getName();
                /** 查看当前线程是否为同一个 */
                if (!pool.currentThreadUser.equals(user)) {
                    try {
                        /** 如果没有轮到当前抽奖,则进入线程等待 */
                        pool.wait();
                        Thread.sleep(500);
```

```
                    } catch (InterruptedException e) {
                        e.printStackTrace();
                    }
                }
                /** 随机从线程中抽取积分 */
                Random r=new Random();
                int index=r.nextInt(pool.prizePool.length);

                /** 查看抽取的积分是否已使用 */
                if (!pool.usePrize[index]) {
                    /** 从奖池中获取一个积分奖品 */
                    int prize=pool.prizePool[index];
                    /** 奖品数量减一 */
                    pool.num -= 1;
                    /** 标记已经使用的积分奖品 */
                    pool.usePrize[index]=true;
                    /** 切换下一个抽奖用户 */
                    if (user.equals(pool.user1)) {
                        pool.currentThreadUser=pool.user2;
                    } else if (user.equals(pool.user2)) {
                        pool.currentThreadUser=pool.user3;
                    }else if(user.equals(pool.user3)) {
                        pool.currentThreadUser=pool.user4;
                    }else {
                        pool.currentThreadUser=pool.user5;
                    }
                    System.out.println(Thread.currentThread().getName()+"
                    获得积分"+prize);
                    /** 通知下一个用户抽奖 */
                    pool.notifyAll();
                }
            }
        }
    }
}
```

③ 抽奖执行类。

```
package demo1;
import java.util.Random;
public class ChouJiangMain {
    public static void main(String[] args) {
        ChouJiangPool pool=new ChouJiangPool();
        /** 用户 1 */
        Thread thread1=new Thread(new ChouJiangUser(pool));
        thread1.setName(pool.user1);
        thread1.start();
        /** 用户 2 */
        Thread thread2=new Thread(new ChouJiangUser(pool));
```

```
            thread2.setName(pool.user2);
            thread2.start();
            /** 用户 3 */
            Thread thread3=new Thread(new ChouJiangUser(pool));
            thread3.setName(pool.user3);
            thread3.start();
            /** 用户 4 */
            Thread thread4=new Thread(new ChouJiangUser(pool));
            thread4.setName(pool.user4);
            thread4.start();
            /** 用户 5 */
            Thread thread5=new Thread(new ChouJiangUser(pool));
            thread5.setName(pool.user5);
            thread5.start();
        }
    }
```

代码说明

```
public class ChouJiangUser implements Runnable { }
```

创建 ChouJiangUser 类实现 Runnable 接口。

```
public void run(){ }
```

Runnable 接口声明的抽象方法 run( )，实现类必须进行重写。

```
synchronized (pool)
```

同步锁，控制线程对同一代码片段是否可以并发执行。通过同步锁控制 pool 对象的执行，每一次只能执行一个对象，其他线程对该类的这个对象和该类的其他对象都必须等待当前线程执行完毕方可执行。

```
Thread.currentThread().getName();
```

通过线程 Thread 实体类调用 currentThread()方法，返回当前正在执行的线程，并通过 getName()方法获得当前线程的名称。

```
pool.wait();
```

当前 pool 让出锁，进入等待状态。

```
Thread.sleep(500);
```

线程休眠，500ms 后继续执行。

```
pool.notifyAll();
```

唤醒所有等待的 pool 对象线程。

```
Thread thread1=new Thread(new ChouJiangUser(pool));
```

声明一个线程实例，并将 pool 对象通过构造方法封装进线程中。

```
thread1.setName(pool.user1);
```

将 pool 对象的 user1 属性值赋值给线程 thread1 的名称属性。

```
thread1.start();
```

线程 thread1 启动，编译器会自动调用 run()方法。

知识解析

5.1.1 进程与线程

（1）进程

在操作系统中，通常将进程看作是系统资源分配和运行的基本单位，一个任务就是一个进程。

（2）线程

线程（Thread）是"进程"中某个单一顺序的控制流，也被称为轻量级进程（Lightweight Processes），是比进程更小的执行单位，也是程序执行流中最小的单位。线程由线程 ID、当前指令指针（PC）、寄存器集合、堆栈组成。

（3）线程与进程的区别

① 进程是由操作系统控制的，线程是由进程控制的；

② 进程是相互独立的，享有各自的内存空间，线程共享进程的内存空间；

③ 一个程序至少拥有一个进程，每个进程可以拥有一个或多个线程，每个线程都有自己独立的资源和生命周期。

5.1.2 线程的创建方式

一种是继承 Thread 类，一种是实现 Runnable 接口。

（1）继承 Thread 类的实现步骤

① 创建 Thread 子类。

② 重写 run()方法。

③ 使用 Thread 子类调用 start()或 run()方法运行［调用 start()方法是重新启动一个线程运行，run()是在主线程中运行。单独调用 run()是顺序执行，先调用 start()再调用 run()是子线程执行］。

（2）实现 Runnable 接口的实现步骤

① 重写 run()方法。

② 使用 Thread 类的一个实例在内部运行，Runnable 本身不能直接运行线程。

5.1.3 线程的生命周期

当 Thread 对象创建完成时，线程的生命周期便开始了。当 run()方法中代码正常执行完毕或者线程抛出一个未捕获的异常或者错误时，线程的生命周期便会结束。

线程的整个生命周期如图 5-2 所示，分为 5 个阶段，分别是新建状态（New）、就绪状态（Runnable）、运行状态(Running)、阻塞状态(Blocked)和死亡状态(Terminated)。通过操作，可以使线程在不同状态之间转换。

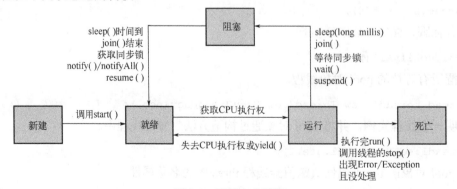

图 5-2　线程生命周期

（1）新建状态（New）

new 关键字创建一个线程实例对象后，该线程对象就处于新建状态，此时它被 Java 虚拟机分配了内存，并且会初始化其成员变量的值，但不会执行线程体。

（2）就绪状态（Runnable）

线程对象调用了 start()方法后，该线程就进入就绪状态。处于就绪状态的线程位于线程队列中，此时它只是具备了运行的条件，何时运行，取决于 JVM 中线程调度器的调度。

（3）运行状态（Running）

如果处于就绪状态的线程获得了 CPU 的使用权，就会开始执行 run()方法，则该线程处于运行状态。一个线程启动后，它可能不会一直处于运行状态，线程在运行时会被中断，目的是使其他线程获得执行的机会。

（4）阻塞状态（Blocked）

一个正在执行的线程在某些特殊情况下，如被人为挂起或执行耗时的输入/输出操作时，会让出 CPU 的使用权并暂时中止自己的执行，进入阻塞状态。线程进入阻塞状态后，就不能进入排队队列。只有当引起阻塞的原因被消除后，线程才可以转入就绪状态。

（5）死亡状态（Terminated）

当线程调用 stop()方法或 run()方法正常执行完毕后，或者线程抛出一个未捕获的异常（Exception）、错误（Error），线程就进入死亡状态。一旦进入死亡状态，线程将不再拥有运行的资格，也不能再转换到其他状态。

5.1.4 线程的调度

（1）线程的优先级

线程默认优先级为5。优先级越高的线程获得 CPU 执行的机会越大，而优先级越低的线程获得 CPU 执行的机会越小。线程的优先级用 1～10 的整数来表示，数字越大优先级越高。除了可以直接使用数字表示线程的优先级，还可以使用 Thread 类中提供的 3 个静态常量表示线程的优先级：

① static int MAX_PRIORITY：表示线程的最高优先级，值为 10。

② static int MIN_PRIORITY：表示线程的最低优先级，值为 1。

③ static int NORM_PRIORITY：表示线程的普通优先级，值为 5。

程序在运行期间，处于就绪状态的每个线程都有自己的优先级，如 main 线程具有普通优先级。但线程优先级不是固定不变的，可以通过 Thread 类的 setPriority(int newPriority)方法对其进行设置，该方法中的参数 newPriority 接收的是 1～10 之间的整数或者 Thread 类的 3 个静态常量。

（2）线程休眠

静态方法 sleep(long millis)可以让当前正在执行的线程暂停一段时间，进入休眠等待状态。在指定时间（参数 millis）内该线程不会执行，这样其他线程就可以得到执行的机会。

sleep(long millis)方法声明会抛出 InterruptedException 异常，因此在调用该方法时需要捕获异常或继续声明该异常类型。

sleep()方法只能控制当前正在运行的线程休眠，而不能控制其他线程休眠，当休眠结束后，线程会返回到就绪状态，而不是立即开始执行。

（3）线程让步

线程让步是指正在执行的线程，在某些情况下将CPU资源让给其他线程。可以通过 yield()

方法来实现。该方法与 sleep()方法的区别：yield()方法不会阻塞该线程，只是将线程转换成就绪状态，让系统的调度器重新调度一次。当某个线程调用 yield()方法之后，只有与当前线程优先级相同或者比当前线程优先级更高的线程才能获得执行的机会。

（4）线程插队

当在某个线程中调用其他线程的 join()方法时，调用的线程将被阻塞，直到被 join()方法加入的线程执行完成后它才会继续执行。

5.1.5　线程同步

（1）线程的安全问题

当多个线程去访问同一个资源时，会引发一些安全问题，为了解决这样的问题，需要实现多线程的同步，即限制某个资源在同一时刻只能被一个线程访问。

线程安全问题就是由多个线程同时处理共享资源所导致的。要想解决线程安全问题，就得保证用于处理共享资源的代码在任何时刻只能有一个线程访问。

（2）同步代码块

Java 中提供了同步机制。当多个线程使用同一个共享资源时，可以将处理共享的代码放在一个使用 synchronized 关键字来修饰的代码块中，这个代码块被称作同步代码块。

同步代码块语法格式：

```
synchronized(lock){
    操作共享资源代码块
}
```

lock 是一个锁对象，是同步代码块的关键。当某一个线程执行同步代码块时，其他线程将无法执行当前同步代码块，会发生阻塞，等当前线程执行完同步代码块后，所有的线程开始抢夺线程的执行权，抢到执行权的线程将进入同步代码块，执行其中的代码。循环往复，直到共享资源处理完为止。

（3）同步方法

Synchronized 除了修饰代码块外，还可以修饰方法。被修饰的方法称为同步方法。可以实现与同步代码块相同的功能，其语法格式如下所示：

```
Synchronized   返回值类型   方法名([参数1,…]){}
```

被 Synchronized 修饰的方法在某一时刻只允许一个线程访问，访问该方法的其他线程都会发生阻塞，直到当前线程访问完毕后，其他线程才有机会执行该方法。

（4）互斥

互斥是指进程间的间接制约关系，多个线程访问同一资源时，一个时间段内只能允许一个线程访问资源，资源访问是无序的。互斥也可以看成是一种特殊的线程同步。

（5）死锁

死锁是指两个或两个以上的进程在执行过程中，由于竞争资源而造成的一种相互等待的僵局，如果没有外力作用，必然导致无限的等待。例如，A 进程占用了输入设备，在释放前请求了打印机设备，但是打印机被 B 进程占用，B 进程在释放前需要请求输入设备，这样 A 进程和 B 进程就会无休止地等待，进入死锁状态。死锁是由系统资源的竞争导致系统资源不足以及资源分配不当或进程运行过程中请求和释放资源的顺序不当导致的。

死锁产生的 4 个必要条件如下。

① 互斥条件：一个资源每次只能被一个进程使用，即一段时间内这个资源只能被一个

进程占用，其他进程请求资源，请求进程只能等待。

② 请求与保持条件：进程已经保持了至少一个资源，但又提出了新的资源请求，而该资源已被其他进程占用，此时请求进程被阻塞，但对自己已获得的资源保持不放。

③ 不可剥夺条件：进程所获得的资源在未使用完毕之前，不能被其他进程强行夺走，即只能由获得该资源的进程自己来释放（只能是主动释放）。

④ 循环等待条件：若干进程间形成首尾相接循环等待资源的关系。

任务拓展

完成模拟聊天室管理插播群公告的功能，并补充缺失代码。

① 代码如下。

学习笔记：

参考代码

② 控制台输出如图 5-3 所示。

```
正常群公告第1条内容。。。
管理插播群公告第1条内容。。。
管理插播群公告第2条内容。。。
管理插播群公告第3条内容。。。
管理插播群公告第4条内容。。。
管理插播群公告第5条内容。。。
正常群公告第2条内容。。。
正常群公告第3条内容。。。
正常群公告第4条内容。。。
正常群公告第5条内容。。。
```

图 5-3 程序运行结果

举一反三

使用 Runnable 接口实现时钟显示器的功能。（根据理解，写出案例代码）

任务 5.2 开发聊天室商品秒杀功能

任务 5.2 开发聊天
室商品秒杀功能

任务分析

聊天室不定期会发布一些商品的促销信息，举办商品秒杀的优惠活动，编写程序实现对秒杀活动的用户、秒杀结果、线程池使用的线程进行汇总统计功能。程序运行效果如图 5-4 所示。

```
用户1正在使用pool-1-thread-1线程参与秒杀任务…
用户3正在使用pool-1-thread-3线程参与秒杀任务…
用户2正在使用pool-1-thread-2线程参与秒杀任务…
用户2使用pool-1-thread-2秒杀:5号商品成功啦!
用户3使用pool-1-thread-3秒杀:4号商品成功啦!
用户5正在使用pool-1-thread-3线程参与秒杀任务…
用户4正在使用pool-1-thread-2线程参与秒杀任务…
用户1使用pool-1-thread-1秒杀:3号商品成功啦!
用户6正在使用pool-1-thread-1线程参与秒杀任务…
用户6使用pool-1-thread-1秒杀:2号商品成功啦!
用户5使用pool-1-thread-3秒杀:1号商品成功啦!
用户7正在使用pool-1-thread-1线程参与秒杀任务…
用户4使用pool-1-thread-2秒杀失败啦!
用户7使用pool-1-thread-1秒杀失败啦!
```

图 5-4 程序运行效果

任务实施

在本任务实施过程中，创建商品秒杀业务类和商品秒杀测试类，在编码过程中思考多线程的使用方式和意义。

① 商品秒杀业务类。

```java
package demo3;
public class MyTask implements Runnable {
    private static int id=10;
    private String userName;
    public MyTask(String userName) {
        this.userName=userName;
    }
    @Override
    public void run() {
        String name=Thread.currentThread().getName();
        System.out.println(userName+"正在使用"+name+"线程参与秒杀任务…");
        try {
            Thread.sleep(200);
        } catch (InterruptedException e) {
            e.printStackTrace();
        }
        synchronized (MyTask.class) {
            if (id > 0) {
```

```
                    System.out.println(userName+"使用"+name+"秒杀:"+id--+"号商品成功啦!");
                } else {
                    System.out.println(userName+"使用"+name+"秒杀失败啦!");
                }
            }
        }
    }
```

② 商品秒杀测试类。

```
package demo3;
import java.util.concurrent.LinkedBlockingQueue;
import java.util.concurrent.ThreadPoolExecutor;
import java.util.concurrent.TimeUnit;
public class MyTest {
    public static void main(String[] args) {
        ThreadPoolExecutor pool=new ThreadPoolExecutor(3, 5, 1,
                TimeUnit.MINUTES, new LinkedBlockingQueue<>(15));
        for (int i=1;i <= 5;i++) {
            MyTask myTask=new MyTask("客户"+i);
            pool.submit(myTask);
        }
        pool.shutdown();
    }
}
```

代码说明

```
public class MyTask implements Runnable{ }
```

MyTask 类实现了 Runnable 接口，实现 Runnable 接口创建线程比继承 Thread 类创建线程更灵活，所以实现 Runnable 接口创建线程的应用场景多。

```
public void run(){ }
```

重写 run( )方法，实现线程参与活动的信息输出。

```
String name=Thread.currentThread().getName();
```

通过线程 Thread 实体类调用 currentThread()方法，返回当前正在执行的线程，并通过 getName()方法获得当前线程的名称赋值给 name 变量。

```
Thread.sleep(200);
```

线程休眠 200ms 后继续执行。

```
synchronized (MyTask.class)
```

通过 synchronized 控制 MyTask.class 的执行，实现线程同步控制。

```
ThreadPoolExecutor pool=new ThreadPoolExecutor(3, 5, 1,
TimeUnit.MINUTES, new LinkedBlockingQueue<>(15));
```

创建 ThreadPoolExecutor 线程池对象 pool。在创建线程对象时将初始线程数设置为 3，线程池中维护的最大线程数设置为 5，空闲线程结束的超时时间设置为 1，第 3 个参数的单位设置为分钟，线程池中的任务队列设置为 15。

```
MyTask myTask=new MyTask("客户"+i);
```
创建任务对象。

```
pool.submit(myTask);
```
将创建的任务对象提交给线程池。

```
pool.Shutdown();
```
关闭线程池。

知识解析

5.2.1 线程池

在一个应用程序运行过程中，需要多次使用线程，则需要多次创建并销毁线程，势必会消耗宝贵的内存资源，所以 Java 提出了线程池的机制，用以管理线程，在实际开发过程中，线程一般都由线程池提供。线程池可以根据系统的需求和硬件环境灵活地控制线程的数量，可以对所有线程进行统一管理和控制，从而提高系统的运行效率，减小系统运行压力。

5.2.2 线程池的优势

① 线程和任务分离，提升线程的重用性；
② 控制并发数量，减轻 CPU 和内存压力，实现统一管理；
③ 加快了程序执行速度，提升系统响应效率。

5.2.3 线程池处理流程

线程池处理流程如图 5-5 所示。

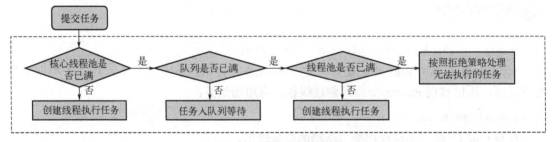

图 5-5　线程池处理流程

① 线程池判断核心线程池是否都在执行任务，如果不是，创建一个新的线程来执行任务，如果核心线程池里的线程都在执行任务，则进入下一个流程。

② 线程池判断工作队列是否已经满了，如果没有满，将新提交的任务存储到这个工作队列中，如果满了，进入下一个流程。

③ 线程池判断线程池的线程是否都处于工作状态，如果没有，创建一个新的工作线程执行任务，如果满了，则交给饱和策略来处理这个任务。

5.2.4 线程池的使用

使用 ThreadPoolExecutor 类的构造方法自定义配置线程池对象（多用于大用户、高并发等项目，使用频次高），构造方法参数如表 5-1 所示。

表 5-1　ThreadPoolExecutor 构造方法参数

序号	名称	类型	含义
1	corePoolSize	int	核心线程池大小

续表

序号	名称	类型	含义
2	maximumPoolSize	int	最大线程池大小
3	keepAliveTime	long	线程最大空闲时间
4	unit	TimeUnit	时间单位
5	workQueue	BlockingQueue<Runnable>	线程等待队列
6	threadFactory	ThreadFactory	线程创建工厂
7	handler	RejectedExecutionHandler	拒绝策略

Java 也提供了线程工具类 Executors 来创建线程池，四种构造方法如下：

① newCachedThreadPool：创建一个可缓存线程池，如果线程池长度超过处理需要，可灵活回收空闲线程，如无可回收，则创建线程。

② newFixedThreadPool：创建一个定长线程池，可控制线程最大并发数，超出的线程会在队列中等待。

③ newScheduledThreadPool：创建一个定长线程池，支持定时及周期性任务执行。

④ newSingleThreadExecutor：创建一个单线程化的线程池，它只会用唯一的工作线程来执行任务，保证所有的任务按照指定顺序［FIFO（先进先出）、LIFO（后进后出）、优先级］执行。

Executors 类创建的线程池在资源使用效率上、堆积请求的处理上等存在着一些弊端，建议使用 ThreadPoolExecutor 类创建线程池。

5.2.5 Callable 和 Future

① Callable 用法和 Runnable 类似，只不过调用的是 call()方法，而不是 run()方法，该方法有一个泛型返回值类型。

② Future 对象用于存放 Callable 对象执行后的返回值，对于这个返回值，可以使用 get()方法获取，get()方法是阻塞的，直到 Callable 的执行结果出来，如果不想阻塞，可以调用 isDone()查询结果是否已经得出。

任务拓展

利用 Executors 创建一个线程池，向线程池中提交 5 个任务，并查看线程池各参数变化情况。

① 代码如下。

学习笔记：

参考代码

② 控制台输出如图 5-6 所示。

```
java.util.concurrent.ThreadPoolExecutor@3d4eac69[Running, pool size = 5, active threads = 5, queued tasks = 1, completed tasks = 0]
false
true
java.util.concurrent.ThreadPoolExecutor@3d4eac69[Shutting down, pool size = 5, active threads = 5, queued tasks = 1, completed tasks = 0]
pool-1-thread-2 - test executor
pool-1-thread-3 - test executor
pool-1-thread-1 - test executor
pool-1-thread-5 - test executor
pool-1-thread-4 - test executor
pool-1-thread-2 - test executor
true
true
java.util.concurrent.ThreadPoolExecutor@3d4eac69[Terminated, pool size = 0, active threads = 0, queued tasks = 0, completed tasks = 6]
```

图 5-6　程序运行结果

任务 5.3　利用 TCP 协议实现网络通信

任务 5.3　利用 TCP
协议实现网络通信

任务分析

本任务利用 TCP 协议实现网络通信，通过客户端向服务器端发送数据，执行效果如图 5-7、图 5-8 所示。

Server (4) [Java Application] D:\P
---服务器已启动---

图 5-7　客户端接入前效果

```
<terminated> Server (4) [Java Application] D:\rogr
---服务器已启动---
***********客户端已接入***********
hello
```

图 5-8　客户端接入后效果

任务实施

在本任务实施过程中，创建 Server.java 类，实现服务器端功能，等待接收客户端数据，然后创建 Client.java 类，实现客户端功能，实现向服务端发送数据。

① Server.java→实现服务器端功能，可以接收客户端数据。

```java
Package chapter05.task03;

import java.io.DataInputStream;
import java.io.DataOutputStream;
import java.io.IOException;
import java.net.ServerSocket;
import java.net.Socket;
public class Server {
    public static void main(String[] args) throws Exception {
        System.out.println("---服务器已启动---");
        //1.指定端口,使用 ServerSocket 创建服务器
        ServerSocket server=new ServerSocket(8888);
        //2.接受客户端请求
        Socket socket=server.accept();
        System.out.println("***********客户端已接入***********");
        //3.操作数据
        DataInputStream dis=
                new DataInputStream(socket.getInputStream());
        String data=dis.readUTF();
```

```
            System.out.println(data);
            //4.释放资源
            dis.close();
            socket.close();

        }
    }
}
```

② Client.java→实现客户端功能，能够向服务端发送数据。

```
Package chapter05.task03;

import java.io.DataOutputStream;
import java.io.IOException;
import java.net.Socket;
import java.net.UnknownHostException;

public class Client {
    public static void main(String[] args) throws Exception {
        //1.使用 Socket 创建客户端,需要服务器的端口
        Socket client=new Socket("localhost", 8888);
        //2.输入输出操作
        DataOutputStream dos=
                    new DataOutputStream(client.getOutputStream());
        String data="hello";
        dos.writeUTF(data);
        dos.flush();
        //3.释放资源
        dos.close();
        client.close();
    }
}
```

代码说明

```
ServerSocket server=new ServerSocket(8888);
Socket socket=server.accept();
```

上述代码的主要功能为等待客户端的连接，第一行代码设置了服务器的端口号，第二行代码表示用户等待客户端连接，如果客户端成功连接，accept()方法会返回一个 Socket 对象。

```
DataInputStream dis=new DataInputStream(socket.getInputStream());
String data=dis.readUTF();
```

Socket 对象可以利用输入流读取客户端发来的数据，并利用数据流进行读取。

```
Socket client=new Socket("localhost", 8888);
DataOutputStream dos=new DataOutputStream(client.getOutputStream());
```

上述代码首先和服务器端建立连接，如果成功连接，会得到一个 Socket 对象，通过该对象能够获取服务器返回的数据。

知识解析

5.3.1 TCP/IP 协议

TCP/IP 是一种计算机间的通信规则，是网络中的基本通信协议。它规定了计算机之间通信的所有细节，规定了每台计算机信息表示的格式和含义，规定了计算机之间通信所使用的控制信息，以及在接收到控制信息后应该做出的反应。TCP/IP 协议是 Internet 中计算机之间通信时必须共同遵守的一种通信协议，是一个协议集（简称为 TCP/IP 协议）。

5.3.2 IP 地址

通信时，为了确保网络上每一台主机能够互相识别，必须给每台主机一个唯一的地址，即 IP 地址，用来标识主机在网上的位置。IP 地址由 32 位二进制数构成，分为四段，每段 8 位，可用小于 256 的十进制数来表示，段间用圆点隔开。例如：192.168.10.1。还有一个回送地址 127.0.0.1 或 localhost，指本机地址，该地址一般用于测试。

5.3.3 端口（Port）

计算机与网络一般只有一个物理连接，网络数据通过这个连接流向计算机，但是计算机上一般有许多个进程在同时运行，为确定网络数据流向指定的进程，TCP/IP 引入了端口概念。端口和 IP 地址为网络通信的应用程序提供了一种确定的地址标识，IP 地址表示了发送端的目的计算机，而端口表明了将数据发送给目的计算机上的哪一个应用程序。

5.3.4 TCP 协议

TCP 协议是面向连接的通信协议，即在传输数据前先在发送端和接收端建立逻辑连接，然后再传输数据，它提供了两台计算机之间可靠无差错的数据传输。在 TCP 连接中必须要明确客户端与服务器端，由客户端向服务器端发出连接请求，每次连接的创建都需要经过"三次握手"。第一次握手，客户端向服务器端发出连接请求，等待服务器确认；第二次握手，服务器端向客户端回送一个响应，通知客户端收到了连接请求；第三次握手，客户端再次向服务器端发送确认信息，确认连接。

5.3.5 TCP 通信

TCP 通信的两端需要创建 Socket 对象。UDP 通信与 TCP 通信的区别在于：UDP 中只有发送端和接收端，不区分客户端与服务器端，计算机之间可以任意地发送数据；而 TCP 通信是严格区分客户端与服务器端的，在通信时，必须先由客户端去连接服务器端才能实现通信，服务器端不可以主动连接客户端，并且服务器端程序需要事先启动，等待客户端的连接。

在 JDK 中提供了两个用于实现 TCP 程序的类，一个是 ServerSocket 类，用于表示服务器端；一个是 Socket 类，用于表示客户端。通信时，首先要创建代表服务器端的 ServerSocket 对象，创建该对象相当于开启一个服务，此服务会等待客户端的连接；然后创建代表客户端的 Socket 对象，使用该对象向服务器端发出连接请求，服务器端响应请求后，两者才建立连接，开始通信。

5.3.6 Socket 类

客户端使用 Socket 类建立与服务器端的连接。 Socket 类的构造方法如表 5-2 所示。

表 5-2　Socket 类的构造方法

方法名称	说明
Socket(InetAddress addr,int port)	使用指定 IP 地址和端口创建一个 Socket 对象
Socket(InetAddress addr,int port,boolean stream)	使用指定地址和端口创建 Socket 对象，设置流式通信方式

续表

方法名称	说明
Socket(String host,int port)	使用指定主机和端口创建一个 Socket 对象
Socket(String host,int port,boolean stream)	使用指定主机和端口创建 Socket 对象，设置流式通信方式

5.3.7 ServerSocket 类

客户负责建立与服务器端的连接，服务器必须建立一个等待接收客户的 ServerSocket 对象。 ServerSocket 类的构造方法如表 5-3 所示。

表 5-3　Socket 类的构造方法

方法名称	说明
ServerSocket(int port)	在指定的端口创建一个 ServerSocket 对象
ServerSocket(int port,int count)	在指定的端口创建 ServerSocket 对象并指定服务器所能支持的最大连接数

🌀 **任务拓展**

利用所学内容，模拟用户登录功能。代码如下。

学习笔记：_____

_____

_____

参考代码　_____

举一反三

客户端的 Socket 对象和服务器端的 Socket 对象是怎样通信的？（根据理解，写出过程）

_____

_____

_____

_____

_____

_____

_____

_____

_____

任务 5.4　开发多用户登录抽奖程序

任务 5.4　开发多用户登录抽奖程序

任务分析

上个任务中服务器端是单线程，只支持单用户方法。多用户登录功能需要网络通信与线程相结合，首先需要在服务器端加入多线程功能，才可以接受多用户访问。实现效果如图 5-9 所示。

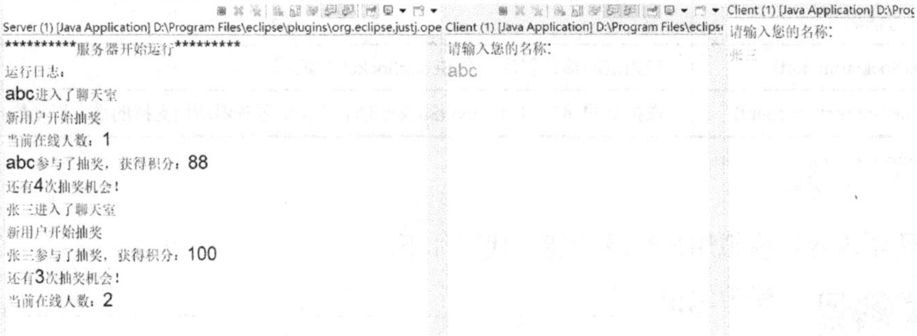

Server (1) [Java Application] D:\Program Files\eclipse\plugins\org.eclipse.justj.ope
**********服务器开始运行**********
运行日志：
abc进入了聊天室
新用户开始抽奖
当前在线人数：1
abc参与了抽奖，获得积分：88
还有4次抽奖机会！
张三进入了聊天室
新用户开始抽奖
张三参与了抽奖，获得积分：100
还有3次抽奖机会！
当前在线人数：2
Client (1) [Java Application] D:\Program Files\eclips
请输入您的名称：
abc
Client (1) [Java Application] D:\Proc
请输入您的名称：
张三

图 5-9　多人登录并抽奖效果

任务实施

在本任务实施过程中，需要在服务器端创建多线程，可以接受多个用户访问。

① ChouJiangPool.java→抽奖奖池类。

```
package chapter05.task04.choujiang;
import java.util.ArrayList;
import java.util.List;
public class ChouJiangPool {
    …原代码中删除用户 1~5…
    …略…
    /** 当前线程抽奖用户 */
    public String currentThreadUser=null;
}
```

② ChouJiangUser.java→对任务 5.2 进行修改并融合到聊天室中。

```
package chapter05.task04.choujiang;
import java.util.Random;
public class ChouJiangUser implements Runnable {
    ChouJiangPool pool;
    String name;
    public ChouJiangUser(ChouJiangPool pool, String name) {
        this.pool=pool;
        this.name=name;
    }
```

```
        @Override
        public void run() {

            if (pool.num > 0) {
                synchronized (pool) {
                    if (pool.currentThreadUser != null) {
                        try {
                            pool.wait();
                            Thread.sleep(500);
                        } catch (InterruptedException e) {
                            e.printStackTrace();
                        }
                    } else {
                        System.out.println("新用户开始抽奖");
                        pool.currentThreadUser=name;
                    }
                    while (true) {
                        Random r=new Random();
                        int index=r.nextInt(pool.prizePool.length);
                        if (!pool.usePrize[index]) {
                            int prize=pool.prizePool[index];
                            pool.num -= 1;
                            pool.usePrize[index]=true;
                            pool.currentThreadUser=null;
                            System.out.println(this.name+"参与了抽奖,获得积分:
                            "+prize);
                            System.out.println("还有"+pool.num+"次抽奖机会!");
                            /** 通知下个用户抽奖 */
                            pool.notifyAll();
                            break;
                        }
                    }
                }
            } else {
                System.out.println("抽奖次数为0!");
            }
        }
    }
```

③ ChatChannel→客户端通道类。

```
package chapter05.task04;
import java.io.DataInputStream;
import java.io.DataOutputStream;
import java.io.IOException;
import java.net.Socket;
import java.util.ArrayList;
import java.util.List;
import chapter05.task04.choujiang.ChouJiangPool;
```

```
import chapter05.task04.choujiang.ChouJiangUser;
public class ChatChannel implements Runnable {
    public static List<ChatChannel> all=new ArrayList<ChatChannel>();
                                           // 通道列表
    private DataInputStream dis;           // 输入流
    private DataOutputStream dos;          // 输出流
    private String name;                   // 客户端名称
    private boolean isRunning=true;
    public String getName() {
        return name;
    }
    public ChatChannel(Socket client, ChouJiangPool pool) {
        try {
            dis=new DataInputStream(client.getInputStream());
            dos=new DataOutputStream(client.getOutputStream());
            this.name=dis.readUTF();
            new Thread(new ChouJiangUser(pool,this.name)).start();
            System.out.println(this.name+"进入了聊天室");
        } catch (IOException e) {
            e.printStackTrace();
            isRunning=false;
        }
    }
    @Override
    public void run() {
        System.out.println("当前在线人数:"+all.size());
    }
}
```

④ Send .java→发送类，服务器、客户端发送信息时使用该类。

```
package chapter05.task04;
import java.io.DataOutputStream;
import java.io.IOException;
import java.net.Socket;
import java.util.Scanner;
public class Send implements Runnable {
    Scanner input ;
    // 输出流
    private DataOutputStream dos;
    // 客户端名称
    private String name;
    private boolean isRunning=true;
    public Send(Socket client, String name) {
        try {
            input=new Scanner(System.in);
                dos=new DataOutputStream(client.getOutputStream());
```

```
                    this.name=name;
                    send(this.name);// 把自己的名字发给服务端
        } catch (IOException e) {
            e.printStackTrace();
            isRunning=false;
        }
    }
    public void send(String msg) {
        try {
            if (msg != null && !"".equals(msg)) {
                dos.writeUTF(msg);
                dos.flush();                  // 强制刷新
            }
        } catch (IOException e) {
            e.printStackTrace();
            isRunning=false;
        }
    }
    @Override
    public void run() {
        while (isRunning) {
            send(input.next());
        }
    }
}
```

⑤ Client.java→客户端类，用于连接服务。

```
package chapter05.task04;
import java.io.IOException;
import java.net.Socket;
import java.util.Scanner;
import chapter05.task04.choujiang.ChouJiangUser;
import chapter05.task06.Receive;
public class Client {
    public static void main(String[] args) throws IOException {
        Scanner input=new Scanner(System.in);
        System.out.println("请输入您的名称:");

        String name =input.next();
        if ("".equals(name)) {
            return;
        }
        Socket client=new Socket("localhost", 8888);
        new Thread(new Send(client, name)).start();
```

```
        }
    }
```

⑥ Server.java→服务端类。

```
package chapter05.task04;
import java.io.IOException;
import java.net.ServerSocket;
import java.net.Socket;
import chapter05.task04.choujiang.ChouJiangPool;
import chapter05.task04.choujiang.ChouJiangUser;
public class Server {
    public static void main(String[] args) throws IOException {
    ChouJiangPool pool=new ChouJiangPool();
        ServerSocket server=new ServerSocket(8888);
        System.out.println("**********服务器开始运行*********");
        System.out.println("运行日志:");
        while (true) {
            Socket client=server.accept();
            ChatChannel channel=new ChatChannel(client , pool);
            ChatChannel.all.add(channel);// 统一管理客户端的通道
            new Thread(channel).start(); // 启动一条通道
        }
    }
}
```

代码说明

```
public static List<ChatChannel> all=new ArrayList<ChatChannel>();
```

上述代码用于保存客户端连接数据，每连接一个客户端，该客户端连接数据都会加入该列表中。

```
dis=new DataInputStream(client.getInputStream());
dos=new DataOutputStream(client.getOutputStream());
this.name=dis.readUTF();
new Thread(new ChouJiangUser(pool,this.name)).start();
```

上述代码在 ChatChannel 中，利用 client 对象创建输入输出数据流，为发送和接收数据做准备。this.name 接收的数据为用户输入的名称。第四行代码开始抽奖，前 5 名用户会获得积分奖励。

```
while (isRunning) {
    send(input.next());
}
```

上述代码利用死循环等待客户端向服务器端发送数据。

```
Socket client=new Socket("localhost", 8888);
new Thread(new Send(client, name)).start();
```

上述代码正在创建一个客户端的 Socket 对象，并创建了一个线程去连接服务器端，该线程用于向服务器发送数据。由于发送和接收数据都需要通过死循环等待数据的到来，所以需要创建线程来实现。

```
ChouJiangPool pool=new ChouJiangPool();
while (true) {
    Socket client=server.accept();
    ChatChannel channel=new ChatChannel(client , pool);
    ChatChannel.all.add(channel);// 统一管理客户端的通道
    new Thread(channel).start();// 启动一条通道
}
```

上述代码首先创建了一个抽奖池对象，用于管理抽奖的基础数据。接下来通过死循环等待客户端的连接，每连接一个客户端，都会创建一个 channel 对象，并保存到对应的列表中统一管理。

知识解析

TCP 通信步骤：在服务器端的建立需要通过 ServerSocket 类创建服务端对象，调用 accept() 方法等待客户端的连接，此时服务端代码会暂停运行，直到客户端连接，同样客户端也需要连接成功后才能执行输入输出操作，如图 5-10 所示。

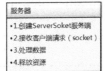
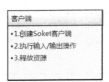

图 5-10　TCP 通信步骤

任务拓展

为本任务添加群聊功能。代码如下。
① ChatChannel.java→代码修改如下。

学习笔记：

参考代码

② Receive.java→接收数据类。

学习笔记：

参考代码

③ Client.java→修改客户端类。

学习笔记：

参考代码

举一反三

编写网络通信程序，通过客户端向服务器上传文件。（根据理解，写出案例代码）

任务 5.5   利用 UDP 协议实现网络通信

任务 5.5   利用 UDP
协议实现网络通信

任务分析

本任务是基于 UDP 的无连接的网络应用程序，可以实现点对点的通信，只要知道对方的 IP 地址和端口号，就可以实现数据的发送。实现效果如图 5-11 所示。

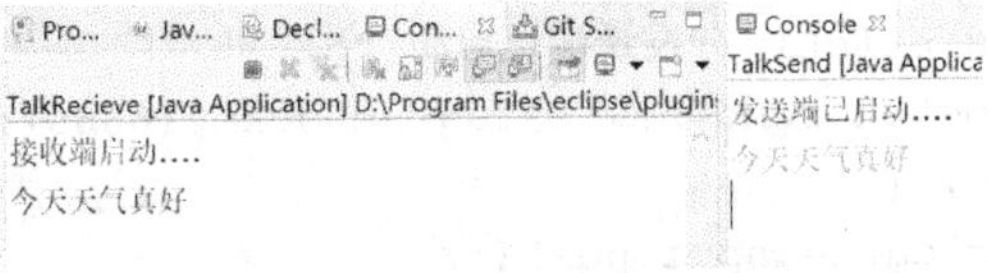

图 5-11 发送和接收数据效果

任务实施

本任务主要实现单向、点对点的通信。

① TalkRecieve.java→接收端。

```java
package chapter05.task05;
import java.net.DatagramPacket;
import java.net.DatagramSocket;
import java.net.SocketException;
public class TalkReceive {
    public static void main(String[] args) throws Exception {
        System.out.println("接收端启动…");
        DatagramSocket receive =new DatagramSocket(9999);
        while(true) {
            byte [] temp=new byte[1024*60];
            DatagramPacket packet=
                        new DatagramPacket(temp, 0,temp.length);
            receive.receive(packet);
            byte[] datas= packet.getData();
            int len=packet.getLength();          //可以后放
            String content=new String(datas,0,len);
            System.out.println(content);
            if(content.equals("退出")) {
                break;
            }
        }
        receive.close();
    }
}
```

② TalkSend.java→数据发送端。

```java
package chapter05.task05;
import java.net.DatagramPacket;
import java.net.DatagramSocket;
import java.net.InetSocketAddress;
import java.net.SocketException;
import java.util.Scanner;
public class TalkSend {
    public static void main(String[] args) throws Exception {
        Scanner input=new Scanner(System.in);
```

```
            System.out.println("发送端已启动…");
            DatagramSocket send=new DatagramSocket(6666);
            while(true) {
                String data=input.next();
                byte[] datas=data.getBytes();
                DatagramPacket packet=
                  new DatagramPacket(datas, 0, datas.length,
                                new InetSocketAddress("localhost", 9999)
                                );
                send.send(packet);
                if(data.equals("退出")) {
                    break;
                }
            }
            send.close();

        }
    }
```

代码说明

```
DatagramSocket receive =new DatagramSocket(9999);
```
上述代码的功能是启动接收端，接收端的 IP 地址为 localhost，端口号为 9999。

```
DatagramPacket packet=new DatagramPacket(temp, 0,temp.length);
```
上述代码的功能为创建接收端数据包，用于存储发送端的数据。

```
receive.receive(packet);

byte[] datas=packet.getData();
```
上述代码会一直等待发送端数据，当发送端数据到达时会将数据存入 packet 中，并利用第二行代码将数据提取出来。

```
DatagramSocket send=new DatagramSocket(6666);
DatagramPacket packet=new DatagramPacket(datas, 0, datas.length,
                            new InetSocketAddress("localhost", 9999)
                            );
send.send(packet);
```
上述代码是在创建发送端，并发送数据到接收端。第一行代码创建发送端对象，同一台电脑中发送端的端口号不能重复。第二行代码创建数据包，将需要发送的数据打包，主要参数为待发送数据、发送数据的起始位置、发送数据的结束位置、接收端 IP 与端口号。第三行代码将数据包发送到接收端。

知识解析

5.5.1 TCP 协议

基于 TCP 的网络套接字（Socket），可以形象地比喻为打电话，一方呼叫，另一方负责监听，一旦建立了套接字连接，双方就可以互相通信了。

　　还有一种 UDP 通信传输方式，类似邮递信件，不是实时接收，当我们只要求数据能较快速地传输信息，并能容忍小的错误时，可以考虑一种基于 UDP（用户数据报协议）的网络通信传输方式。用户数据包协议是工作在传输层的面向无连接的协议，它的信息传递更快，但不提供可靠性保证。这种网络信息传输方式是数据在传输时，用户无法知道数据能否正确达到目的地主机，也不能确定数据到达目的地的顺序是否和发送的顺序相同。

5.5.2　UDP 协议通信

　　UDP 协议的主要作用是将网络数据流量压缩成数据包的形式。在用 Java 实现 UDP 协议编程的过程中，需要用到两个套接字类，即 DatagramSocket 和 DatagramPacket，如表 5-4 和表 5-5 所示。其中 DatagramSocket 是实现数据接收与发送的 Socket 实例；DatagramPacket 是实现数据封装的实例，它将 Byte 数组、目标地址、目标端口等数据包装成报文或者将报文拆卸成 Byte 数组。

表 5-4　DatagramSocket 类常用方法

方法名称	说明
DatagramSocket(int port)	构造方法
void　receive(DatagramPacket p)	接收数据
void　send (DatagramPacket p)	获取输入流

表 5-5　DatagramPacket 类常用方法

方法名称	说明
DatagramPacket (byte[] buf, int offset, int length, SocketAddress address)	构造方法，带有目标地址的数据包
DatagramPacket(byte[] buf, int offset, int length)	构造方法

任务拓展

　　为发送端和接收端设置随机端口号，避免端口冲突数据发送失败的情况，端口号随机范围：10000～65535。代码如下。

学习笔记：_____

　　　　　_____

　　　　　_____

参考代码　_____

举一反三

　　请编写程序，分别模拟使用 UDP 协议发送和接收数据的两个设备，发送端数据将当前系统时间转换为字符串，发送给接收端，每秒发送一次。接收端接收到数据，将数据以及数据的来源打印到控制台。要求发送数据和接收数据分别开启线程实现。 服务器端显示的运行效果如下：

　　127.0.0.1 发送数据：2022-05-27 16:13:12
　　127.0.0.1 发送数据：2022-05-27 16:13:13

127.0.0.1 发送数据：2022-05-27 16:13:14
127.0.0.1 发送数据：2022-05-27 16:13:15
127.0.0.1 发送数据：2022-05-27 16:13:16
（根据理解，写出案例代码）

任务 5.6　完善网络聊天室功能

 任务分析

任务 5.6　完善
网络聊天室功能

　　目前网络聊天室可以进行新用户抽奖，但是中奖信息只能在服务端控制台
显示，需要修改代码，将中奖信息发送给客户端，并整合商品秒杀功能。运行效果如图 5-12 所示。

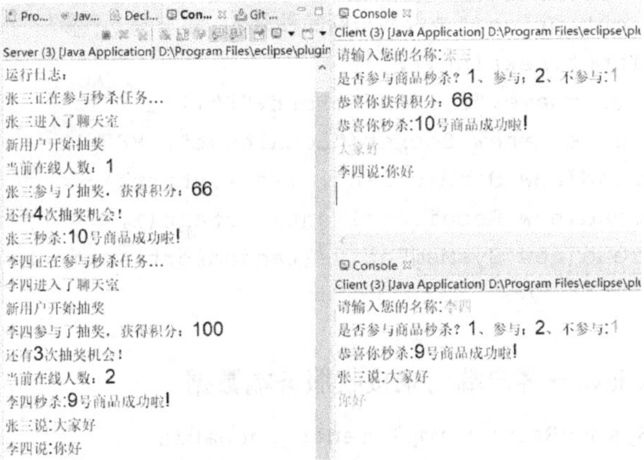

图 5-12 网络聊天室运行效果

任务实施

本任务主要为客户界面添加中奖信息显示功能。

① Server.java→添加线程池，为秒杀功能做准备。

```java
import chapter05.task06.choujiang.ChouJiangPool;
public class Server {
    public static void main(String[] args) throws IOException {
    ChouJiangPool pool=new ChouJiangPool();
    ExecutorService threadPool=Executors.newSingleThreadExecutor();
    ServerSocket server=new ServerSocket(8888);
    System.out.println("**********服务器开始运行*********");
    System.out.println("运行日志:");
    while (true) {
        Socket client=server.accept();
        ChatChannel channel=
            new ChatChannel(client , pool,threadPool);
        ChatChannel.all.add(channel);          // 统一管理客户端的通道
        new Thread(channel).start();           // 启动一条通道
        }
    }
}
```

② Client.java→添加商品秒杀选项。

```java
public class Client {
    public static void main(String[] args) throws IOException {
        Scanner input=new Scanner(System.in);
        System.out.print("请输入您的名称:");
        String name =input.next();
        if ("".equals(name)) {
            return;
        }
        Random rand=new Random();
        int randomPort=rand.nextInt( 65535-10000+1)+10000;
```

```
        System.out.print("是否参与商品秒杀?1、参与;2、不参与:");
        int i=input.nextInt();
        String msg=name+"#"+randomPort+"#"+i;
        Socket client=new Socket("localhost", 8888);
        new Thread(new Send(client, msg)).start();
        new Thread(new Receive(client)).start();
        new Thread(new SysMsgRecive(randomPort)).start();
    }
}
```

③ SysMsgRecive.java→客户端用来接收服务端数据。

```java
public class SysMsgRecive implements Runnable{
    public int port;
    public SysMsgRecive(int port) {
        this.port=port;
    }
    @Override
    public void run() {
        DatagramSocket receive;
        try {
            receive=new DatagramSocket(port);
            while(true) {
                byte [] temp=new byte[1024*60];
                DatagramPacket packet=
                    new DatagramPacket(temp, 0,temp.length);
                receive.receive(packet);
                byte[] datas= packet.getData();
                int len=packet.getLength();//可以后放
                String content=new String(datas,0,len);
                System.out.println(content);
            }
        } catch (SocketException e) {
            e.printStackTrace();
        } catch (IOException e) {
            e.printStackTrace();
        }
    }
}
```

④ Send.java→修改 Send 类，将数据发送到服务器端。

```java
public class Send implements Runnable {
    Scanner input ;
    // 输出流
    private DataOutputStream dos;
    private boolean isRunning=true;
    public Send(Socket client, String msg) {
        try {
```

```
            input=new Scanner(System.in);
            dos=new DataOutputStream(client.getOutputStream());
            send(msg);// 把基础数据发给服务端
        } catch (IOException e) {
            e.printStackTrace();
            isRunning=false;
        }
    }
}
```

⑤ UDPSendUtil.java→服务器向客户端发送信息的工具类。

```
public class UDPSendUtil {
    public static void send(int port, String msg) {

        DatagramSocket send;
        try {
            send=new DatagramSocket(9999);
            String data=msg;
            byte[] datas=data.getBytes();
            DatagramPacket packet=new DatagramPacket(datas, 0, datas.length,
new InetSocketAddress("localhost", port));
            send.send(packet);
            send.close();
        }catch (SocketException e) {
            e.printStackTrace();
        }catch (IOException e) {
            e.printStackTrace();
        }

    }
}
```

⑥ MyTask.java→用于商品秒杀。

```
public class MyTask implements Runnable {
    private static int id=10;
    private String name;
    int port;
    public MyTask(String name,int port) {
        this.name=name;
        this.port=port;
    }
    @Override
    public void run() {
        System.out.println(name+"正在参与秒杀任务...");
        synchronized (MyTask.class) {
```

```
                if (id > 0) {
                    System.out.println(name+"秒杀:"+id--+"号商品成功啦!");
                } else {
                    System.out.println(name+"秒杀失败啦!");
                }
            }
        }
    }
```

⑦ ChatChannel.java→客户端的通信通道，开启秒杀抽奖。

```
public class ChatChannel implements Runnable {
    ......
    public ChatChannel(Socket client, ChouJiangPool pool , ExecutorService
threadPool) {
        try {
            dis=new DataInputStream(client.getInputStream());
            dos=new DataOutputStream(client.getOutputStream());
            String data=dis.readUTF();
            String infos[]=data.split("#");
            this.name=infos[0];
            this.port= Integer.valueOf( infos[1]) ;
            if(infos[2].equals("1")) {
                threadPool.execute(new MyTask(name,port));
            }
            new Thread(new ChouJiangUser(pool, this.name , port)).start();
            System.out.println(this.name+"进入了聊天室");
        } catch (IOException e) {
            e.printStackTrace();
            isRunning=false;
        }
    }
    ......
}
```

代码说明

```
ChatChannel channel=new ChatChannel(client,pool,threadPool);
```
上述代码是将线程池传递给 channel 对象，并在 channel 对象的构造方法中管理秒杀线程。

```
Random rand=new Random();
int randomPort=rand.nextInt(65535-10000+1)+10000;
new Thread(new SysMsgRecive(randomPort)).start();
```
上述代码的主要作用是随机生成一个端口号，并利用该端口号创建一个接收端，用于接收服务器端发送回来的数据，由于接收端需要一直运行，所以放在了线程中启动，同时利用随机端口号，避免了同一台电脑开启多个接收端后端口冲突的问题。

```
String msg=name+"#"+randomPort+"#"+i;
```

将用户的信息进行拼接，并发送到服务端。

```
send=new DatagramSocket(9999)
DatagramPacket packet=
            new DatagramPacket(datas, 0, datas.length,
            new InetSocketAddress("localhost", port));
```

上述代码在 UDPSendUtil 工具类中执行，当服务器需要给用户发送数据时，调用此代码将数据发送给客户端。

 知识解析

5.6.1　InetAddress 类和 InetSocketAddress 类

在 Java 中可以使用 InetAddress 类表示 IP 地址。InetSocketAddress 类中可以包含 IP 地址和端口号。它们的常用方法如表 5-6、表 5-7 所示。

表 5-6　InetAddress 类常用方法

方法名称	说明
String getLocalHost()	获取本机的 InetAddress 对象
String getByName(String host)	通过 IP 地址或域名获取的 InetAddress 对象
String getHostAddress()	获取 IP 地址
String getHostName()	获取计算机名

表 5-7　InetSocketAddress 类常用方法

方法名称	说明
InetSocketAddress (String host,int port)	构造方法，用于创建 InetSocketAddress 对象
InetAddress getAddress ()	获取主机名和 IP 地址，返回值为 InetAddress
String getHostAddress ()	获取 IP 地址
int getPort ()	获取端口

5.6.2　TCP 与 UDP 通信的主要区别

TCP 与 UDP 协议是比较底层的协议，在 Java 当中是通过 Socket 编程实现这两种协议的使用的。Socket 可以用来表示主机的地址和端口，基于 TCP 协议的 Socket 编程，通信双方存在主次之分，需要有服务端和客户端，需要建立服务端和客户端之间的连接。基于 UDP 协议的 Socket 编程，通信双方是平等的，也就是说一台计算机既可以当接收端也可以当发送端，同时通信过程不需要建立连接，直接指定接收端的主机地址和端口即可发送数据。TCP 与 UDP 通信的主要区别如图 5-13 所示。

基于TCP	基于UDP
·需要建立连接	·不需要建立连接
·存在主次之分	·安全平等

图 5-13　TCP 与 UDP 通信的主要区别

任务拓展

在本任务中，秒杀信息在客户端无法显示，修改代码解决该问题。代码如下。

学习笔记： _____

_____

_____

参考代码 _____

举一反三

使用 TCP 网络编程完成用户登录功能：客户端输入用户名和密码，向服务器发出登录请求；服务器接收数据并进行判断，如果用户名和密码均是 nyjj，则登录成功，否则登录失败，返回相应响应信息；客户端接收响应信息并输出登录结果。（根据理解，写出案例代码）

思政园地

学习笔记：..

....

....

拓展阅读 ....

项目综合练习

一、简答题

1. 请简述线程和进程的关系。
2. 请描述线程的生命周期。
3. 引起线程中断的原因是什么？
4. 建立线程有几种方法？
5. 怎样设置线程的优先级？
6. 线程有几种状态？
7. 简述线程如何进行调度。
8. 简述多线程之间怎样进行调度。

二、编程题

1. 试编写两个线程：其一用来计算 2～7000 间的质数及其个数；其二用来计算 2001～7000 间的质数及其个数。

2. 编写一个 Applet 程序，实现一个字符串或图形的不停移动。

3. 编写程序，在主线程中创建三个线程，即"运货司机""装卸工"和"仓库管理员"。要求："运货司机"占有 CPU 资源后立刻联合线程"装卸工"，也就是让"运货司机"一直等到"装卸工"完成工作才能开车；而"装卸工"占有 CPU 资源后立刻联合线程"仓库管理员"，也就是让"装卸工"一直等到"仓库管理员"打开仓库才能开始搬运货物。

4. 编写一个简单的 Socket 通信程序：

① 客户机程序，从控制台输入字符串，发送到服务器端，并将服务器返回的信息显示出来。

② 服务器端程序，从客户机接收数据并打印，同时可以将输入的信息发送给客户机。

③ 满足一个服务器可以服务多个客户。

效果如图 5-14、图 5-15 所示。

图 5-14　服务器端运行效果　　　　　　　图 5-15　客户端运行效果

三、选择题

1. 当客户端执行以下程序代码时:

```
Socket socket=new Socket("angel",80);
```

如果远程服务器 angel 不存在，会出现什么情况？（   ）

    A. 构造方法抛出 UnknownHostException 异常

    B. 客户端一直等待连接，直到连接超时，从而抛出 SocketTimeoutException

    C. 抛出 BindException

    D. 构造方法返回一个 Socket 对象，但它不与任何服务器连接

2. TCP 协议在每次建立连接时，双方要经过几次握手？（   ）

    A. 一次   B. 四次   C. 三次   D. 两次

3. 关于 TCP 和 UDP 的说法表述错误的是（   ）。

    A. TCP 和 UDP 都是传输层协议

    B. UDP 不提供流控制和错误恢复功能，但能保证包按顺序到达

    C. TCP 是面向连接的传输协议

    D. TCP 和 UDP 都以 IP 协议为基础

4. ServerSocket 的监听方法 accept( )方法的返回值类型是（   ）。

    A. Socket   B. void

    C. Object   D. DatagramSocket

5. 在使用 UDP 套接字通信时，常用（   ）类把要发送的信息打包。

    A. String   B. DatagramSocket

    C. MulticastSocket   D. DatagramPacket

项目6

学生成绩管理系统设计与实现

项目介绍

　　本项目的主要内容是通过基于 JavaSE 标准版开发学生成绩管理系统，使用 SQLServer 数据库和控制台来实现数据存储和人机交互，主要借此项目学习和掌握软件开发流程，掌握需求分析文档的编写、功能模块设计、数据库设计、功能模块实现、测试用例的编写与执行、应用程序的打包过程等，巩固和掌握 Java 面向对象程序设计中涉及的部分编程技术。

学习目标

【知识目标】
- 理解软件需求分析。
- 理解软件设计过程。
- 理解软件测试基础知识。
- 理解软件打包的意义。

【技能目标】
- 会分析学生成绩管理系统功能。
- 会设计学生成绩管理系统功能结构。
- 会设计学生成绩管理系统数据库。
- 会使用 JUnit 框架编写测试用例。
- 会使用 Eclipse 打包项目。

【思政与职业素养目标】
- 培养学生沟通能力、团队合作能力等职业素养。
- 提升学生责任担当与忧患意识。
- 加强学生长远谋划的意识和能力。

任务 6.1　需求分析与总体设计

任务分析

　　为了实现学校人力资源优化和学生成绩的信息化管理，有效提升学校成绩管理工作效率，推动信息化管理模式向科学化、规范化迈进。结合之前的学习内容，使用 JavaSE 技术开发一款模拟学生成绩管理系统，具有数据库信息存储、权限划分、增加、删除、修改、查询等功能。

结合如下需求内容，编写需求分析文档。

（1）项目背景

结合校园信息化管理能力的提升，数字化校园的普及，仿照校园学生信息管理系统，开发一款解决学生成绩查询烦琐、效率低下等问题，并具有权限管理功能，方便教师进行学生信息管理与成绩录入、学生查询成绩的简易管理系统。作为信息技术类专业的学生，应具有良好的与客户进行需求交流的沟通能力，具有较为全面的软件设计和实施规划能力，同时还应具有一定的软件开发文档的编写能力。

（2）开发目的

通过使用本系统可以更加有效地管理学生成绩信息，方便学生查询自己的成绩。

（3）可行性分析

该项目可以将成绩录入、成绩查询等操作化繁为简，提高工作和学习效率。

（4）功能分析

学生成绩管理系统应具有权限管理、人员信息管理等功能，管理员权限能对所有人员信息进行增加、删除、修改和查询，教师权限能对学生信息进行增加、删除、修改和查询，学生权限能对个人成绩进行查询。

（5）模块划分

系统设计主要包括四个功能模块：管理员模块、教师模块、学生模块、数据库管理模块。

① 管理员模块实现查询用户信息、增加用户、删除用户、修改用户信息、退出系统功能。

② 教师模块实现查询学生信息、增加学生、删除学生、修改学生信息、修改学生成绩、退出系统功能。

③ 学生模块实现查询成绩、退出系统功能。

④ 数据库管理模块实现对用户信息的管理，包括数据备份和恢复。

知识解析

6.1.1 需求分析

系统需求分析是开发人员经过调研和分析，准确理解以及用户未提及但潜在的项目需求，重点解决"做什么"的问题。从广义上理解：需求分析包括需求的获取、分析、规格说明、变更、验证、管理的一系列需求工程。狭义上理解：需求分析是指需求的分析、定义过程。

6.1.2 需求分析的任务

（1）明确系统的综合要求

① 功能需求：列举出所开发软件在职能上应做什么。

② 性能需求：给出所开发软件的技术性能指标，如存储容量限制、运行时间限制、安全保密性等。

③ 环境需求：软件系统运行时所处环境的要求。如硬件方面：机型、外部设备、数据通信接口；软件方面：系统软件，包括操作系统、网络软件、数据库管理系统方面；使用方面：使用部门在制度上，操作人员上的技术水平上应具备怎样的条件。

④ 可靠性需求：对所开发软件在投入运行后不发生故障的概率，按实际的运行环境提出要求。所以对于重要的软件，或是运行失效会造成严重后果的软件，应提出较高的可靠性要求。

⑤ 安全保密要求：应当在这方面恰当地做出规定，对所开发的软件给予特殊的设计，使其在运行中，其安全保密方面的性能得到必要的保证。

⑥ 用户界面需求：为用户界面细致地规定达到的要求。

⑦ 资源使用需求：开发的软件在运行时和开发时所需要的各种资源。

⑧ 软件成本消耗与开发进度需求：在软件项目立项后，要根据合同规定，对软件开发的进度和各步骤的费用提出要求，作为开发管理的依据。

预先估计以后系统可能达到的目标，这样可以比较容易地对系统进行必要的补充和修改。除了这些必需的需求，问题识别的另外一个工作是建立分析所需要的通信途径，以保证能顺利地对问题进行分析。

对于编制需求分析的文档，我们称描述需求分析文档为软件需求规格说明书，除了编写软件需求规格说明书之外，还要制定数据要求说明书以及编写初步的用户手册。

（2）明确系统的数据要求

分析和明确系统的数据要求是需求分析中一个重要的任务。通常使用 E-R 图、用例图、数据字典、IPO 图等描述系统数据的逻辑关系，进而建立数据模型，数据模型的创建通常会利用图形化工具辅助或者画图来实现。

（3）制订系统开发计划

通过用户需求比较准确地评估项目的开发成本和开发进度，制定系统开发计划。

6.1.3 需求分析的过程

需求分析阶段的工作可以分为四个方面：问题识别、分析与综合、制定规格说明书、评审。

① 问题识别：就是从系统角度来理解软件，确定对所开发系统的综合要求，并提出这些需求的实现条件，以及需求应该达到的标准。这些需求包括：功能需求（做什么）、性能需求（要达到什么指标）、环境需求（如机型、操作系统等）、可靠性需求（不发生故障的概率）、安全保密需求、用户界面需求、资源使用需求（软件运行时所需的内存、CPU 等）、软件成本消耗与开发进度需求、预先估计以后系统可能达到的目标。

② 分析与综合：逐步细化所有的软件功能，找出系统各元素间的联系、接口特性和设计上的限制，分析它们是否满足需求，剔除不合理的部分，增加需要的部分。最后综合成系统的解决方案，给出要开发的系统的详细逻辑模型（做什么的模型）。

③ 制定规格说明书：即编制文档，描述需求的文档称为软件需求规格说明书。请注意，需求分析阶段的成果是需求规格说明书，向下一阶段提交。

④ 评审：对功能的正确性、完整性和清晰性，以及其他需求给予评价。评审通过才可进行下一阶段的工作，否则重新进行需求分析。

任务 6.2 学生成绩管理系统设计与实现

任务分析

针对项目需求分析结合使用 JavaSE 技术，该项目由控制台进行输出使用，项目需要完成管理员权限面向各类用户的增删改查操作，教师权限面向学生的增删改查、成绩录入操作，学生权限有查询功能等基础上进行设计与实现。

任务实施

在本任务实施过程中，首先绘制实体-联系（Entity-relationship，E-R）图，根据 E-R 图设计功能模块，然后完成数据库设计，最后实现项目开发过程，在设计过程中思考软件开发的意义。

（1）数据描述

系统 E-R 图如图 6-1 所示，管理员 E-R 图如图 6-2 所示，教师 E-R 图如图 6-3 所示，学生 E-R 图如图 6-4 所示。

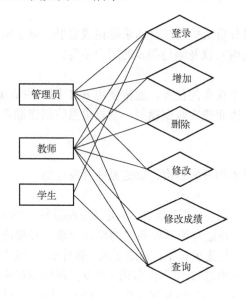

图 6-1　系统 E-R 图

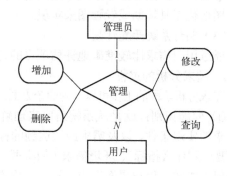

图 6-2　管理员 E-R 图

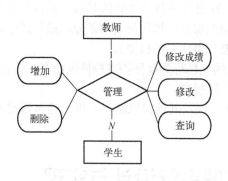

图 6-3　教师 E-R 图

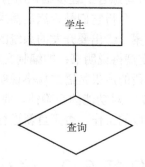

图 6-4　学生 E-R 图

（2）功能模块设计

功能模块设计如图 6-5 所示，管理员用户具有查询用户信息、增加用户、删除用户与修改用户的功能，教师具有查询学生信息、增加学生、删除学生、修改学生信息及修改学生成绩的功能，学生用户具有查询成绩及退出系统的功能。

（3）数据库设计

由于是控制台显示和交互信息，故此数据库设计上比较简单，项目数据由一个表结构进行存储，表结构如图 6-6 所示。

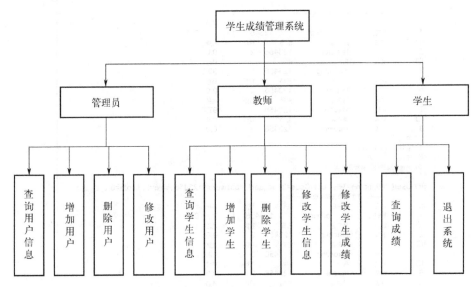

图 6-5 功能模块设计

（4）项目实现

① 登录界面 系统运行后的界面，如图 6-7 所示。

user

列名	数据类型	允许 Null 值
id	int	☐
name	nvarchar(254)	☑
userCode	nvarchar(254)	☑
password	nvarchar(254)	☑
role	int	☑
score	float	☑
		☐

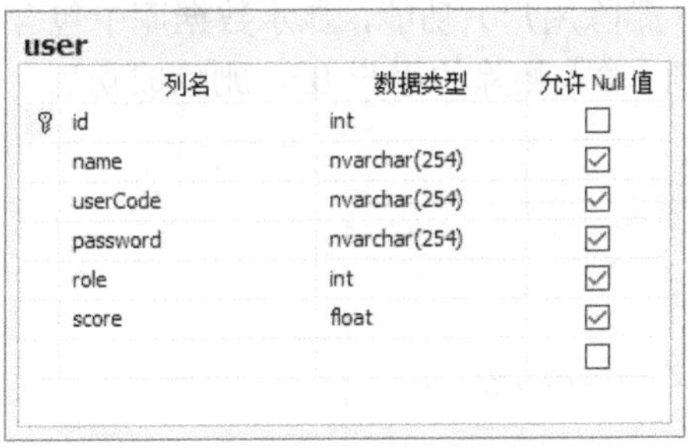

图 6-6 数据库设计——表结构

图 6-7 系统登录界面

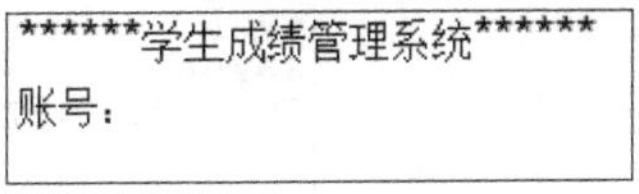

② 管理员登录界面 管理员权限登录后界面，包括增加、删除、修改、查询、退出等选项，如图 6-8 所示。

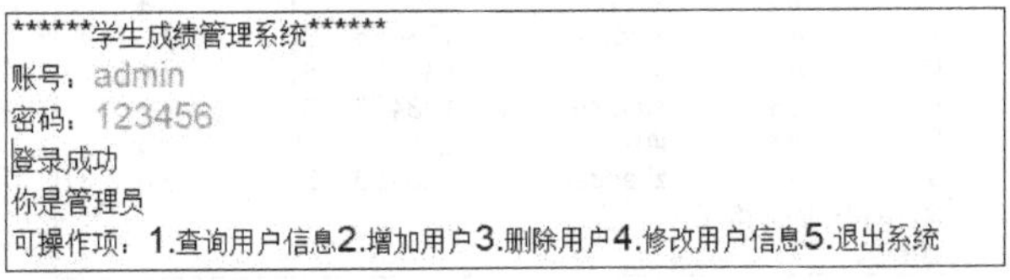

图 6-8 管理员登录界面

③ 管理员增加用户界面 管理员权限选择 2（增加用户）功能，显示数据库中包含的所有用户信息，控制台输出待增加的“用户姓名：”“用户账号：”“用户密码：”“用户角色 1.管理员 2.教师 3.学生：”项，依次输入增加的用户信息以及用户角色，增加成功后，会将增加的用户信息输出，如图 6-9 所示。

```
你是管理员
可操作项：1.查询用户信息2.增加用户3.删除用户4.修改用户信息5.退出系统
2
          --------学生成绩管理系统--------
ID      姓名      用户名      密码      权限      成绩
1       管理员    admin          123456    1          0.0
ID      姓名      用户名      密码      权限      成绩
2       教师      teacher      123456    2          0.0
ID      姓名      用户名      密码      权限      成绩
3       小明      xiaoming     123456    3          99.0
ID      姓名      用户名      密码      权限      成绩
6       教师      teacher2     123456    2          0.0
ID      姓名      用户名      密码      权限      成绩
7       小贝      xiaobei      123456    3          97.0
ID      姓名      用户名      密码      权限      成绩
8       小美      xiaomei      123456    3          0.0
用户姓名：张三
用户账号：zhangsan
用户密码：123456
用户角色1.管理员2.教师3.学生；
2
用户User{id=0, name='张三', userCode='zhangsan', password='123456', role=2, score=0.0}添加成功
          --------学生成绩管理系统--------
ID      姓名      用户名      密码      权限      成绩
1       管理员    admin          123456    1          0.0
ID      姓名      用户名      密码      权限      成绩
2       教师      teacher      123456    2          0.0
ID      姓名      用户名      密码      权限      成绩
3       小明      xiaoming     123456    3          99.0
ID      姓名      用户名      密码      权限      成绩
6       教师      teacher2     123456    2          0.0
ID      姓名      用户名      密码      权限      成绩
7       小贝      xiaobei      123456    3          97.0
ID      姓名      用户名      密码      权限      成绩
8       小美      xiaomei      123456    3
```

图 6-9　管理员增加用户界面

④ 管理员删除用户界面　管理员权限选择 3（删除用户）功能，显示数据库中包含的所有用户信息，控制台输出"输入要删除用户的 id："，输入删除的用户 ID，删除成功后，会将所有的用户信息再次输出，如图 6-10 所示。

```
******学生成绩管理系统******
账号：admin
密码：123456
登录成功
你是管理员
可操作项：1.查询用户信息2.增加用户3.删除用户4.修改用户信息5.退出系统
3
          --------学生成绩管理系统--------
ID      姓名      用户名      密码      权限      成绩
1       管理员    admin          123456    1          0.0
ID      姓名      用户名      密码      权限      成绩
2       教师      teacher      123456    2          0.0
ID      姓名      用户名      密码      权限      成绩
3       小明      xiaoming     123456    3          99.0
ID      姓名      用户名      密码      权限      成绩
6       教师      teacher2     123456    2          0.0
ID      姓名      用户名      密码      权限      成绩
7       小贝      xiaobei      123456    3          97.0
ID      姓名      用户名      密码      权限      成绩
8       小美      xiaomei      123456    3          0.0
ID      姓名      用户名      密码      权限      成绩
9       张三      zhangsan     123456    2          0.0
输入要删除用户的id：2
删除成功
```

图 6-10　管理员删除用户界面

⑤ 管理员修改用户信息界面　管理员权限选择 4（修改用户信息）功能，显示数据库中包含的所有用户信息，控制台输出"输入要修改的用户的 id："，输入修改的用户 ID，依次对用户姓名、用户账号、用户密码、用户角色进行修改，修改成功后，会将所有的用户信息再次输出，如图 6-11 所示。

⑥ **管理员查询用户信息界面**　管理员权限选择1（查询用户信息）功能，显示数据库中包含的所有用户信息，选择菜单项再次输出以待操作，如图6-12所示。

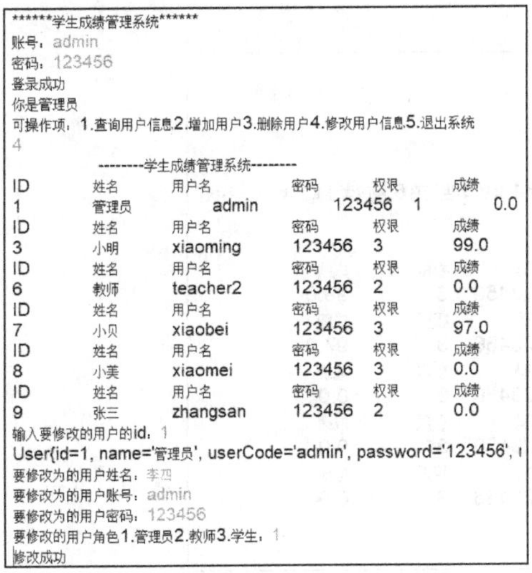

图6-11　管理员修改用户信息界面 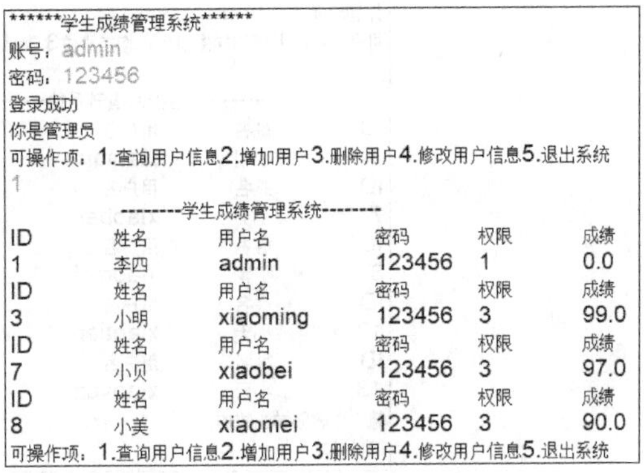　　　图6-12　管理员查询用户信息界面

⑦ **教师登录界面**　教师权限登录后界面，包括增加、删除、修改、查询、退出等选项，如图6-13所示。

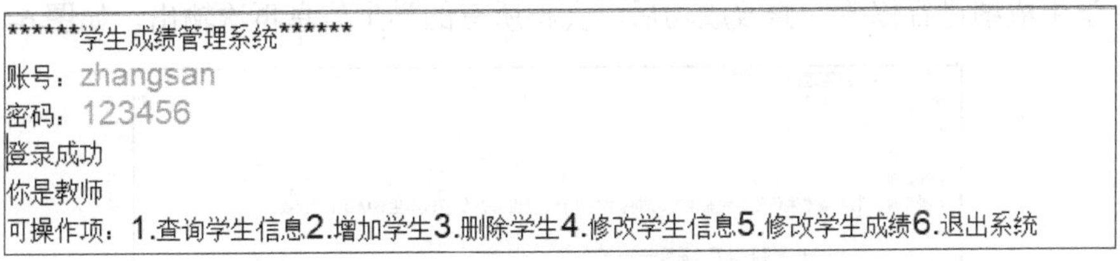

图6-13　教师登录界面

⑧ **教师增加学生界面**　教师权限选择2（增加学生）功能，显示数据库中包含的所有学生信息，控制台输出待增加的"学生姓名:""学生账号:"和"学生密码:"项，依次输入增加的学生信息，增加成功后，会将增加的学生信息输出，如图6-14所示。

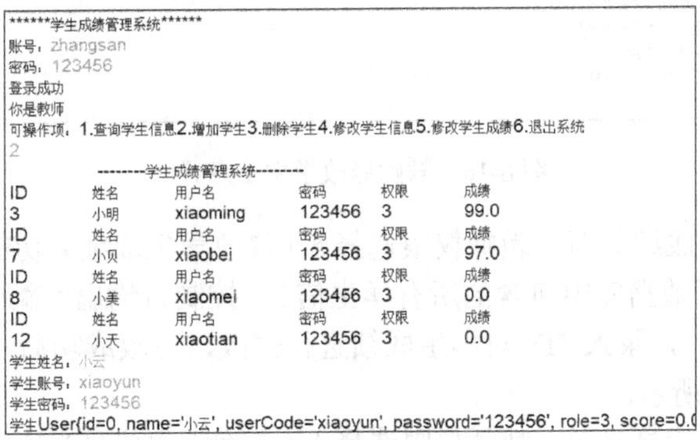

图6-14　教师增加学生界面

⑨ **教师删除学生界面** 教师权限选择 3（删除学生）功能，显示数据库中包含的所有学生信息，控制台输出"输入要删除学生的 id："，输入删除的学生 ID，删除成功后，会将所有的学生信息再次输出，如图 6-15 所示。

```
******学生成绩管理系统******
账号：zhangsan
密码：123456
登录成功
你是教师
可操作项：1.查询学生信息2.增加学生3.删除学生4.修改学生信息5.修改学生成绩6.退出系统
3
          --------学生成绩管理系统--------
ID        姓名      用户名        密码      权限      成绩
3         小明      xiaoming     123456    3        99.0
ID        姓名      用户名        密码      权限      成绩
7         小贝      xiaobei      123456    3        97.0
ID        姓名      用户名        密码      权限      成绩
8         小美      xiaomei      123456    3        0.0
ID        姓名      用户名        密码      权限      成绩
12        小天      xiaotian     123456    3        0.0
ID        姓名      用户名        密码      权限      成绩
13        小云      xiaoyun      123456    3        0.0
输入要删除学生的id：12
删除成功
```

图 6-15 教师删除学生界面

⑩ **教师修改学生信息界面** 教师权限选择 4（修改学生信息）功能，显示数据库中包含的所有学生信息，控制台输出"输入要修改的学生的 id："，依次对学生姓名、学生账号、学生密码、学生成绩进行修改，修改成功后，会将所有的学生信息再次输出，如图 6-16 所示。

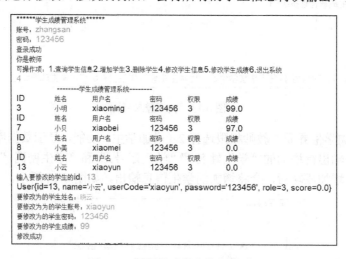

```
******学生成绩管理系统******
账号：zhangsan
密码：123456
登录成功
你是教师
可操作项：1.查询学生信息2.增加学生3.删除学生4.修改学生信息5.修改学生成绩6.退出系统
4
          --------学生成绩管理系统--------
ID        姓名      用户名        密码      权限      成绩
3         小明      xiaoming     123456    3        99.0
ID        姓名      用户名        密码      权限      成绩
7         小贝      xiaobei      123456    3        97.0
ID        姓名      用户名        密码      权限      成绩
8         小美      xiaomei      123456    3        0.0
ID        姓名      用户名        密码      权限      成绩
13        小云      xiaoyun      123456    3        0.0
输入要修改的学生的id：13
User{id=13, name='小云', userCode='xiaoyun', password='123456', role=3, score=0.0}
要修改为的学生姓名：胜云
要修改为为的学生账号：xiaoyun
要修改为的学生密码：123456
要修改为的学生成绩：99
修改成功
```

图 6-16 教师修改学生信息界面

⑪ **教师修改学生成绩界面** 教师权限选择 5（修改学生成绩）功能，此功能旨在更快捷地修改学生成绩，显示数据库中包含的所有学生信息，控制台输出"输入要修改的学生的 id：""要修改为的学生成绩"，录入 ID 对学生成绩进行修改，修改成功后，会将所有的学生信息再次输出，如图 6-17 所示。

⑫ **教师查询学生信息界面** 教师权限选择 1（查询学生信息）功能，显示数据库中包含的所有学生信息，选择菜单项再次输出以待操作，如图 6-18 所示。

```
******学生成绩管理系统******
账号：zhangsan
密码：123456
登录成功
你是教师
可操作项：1.查询学生信息2.增加学生3.删除学生4.修改学生信息5.修改学生成绩6.退出系统
5
            --------学生成绩管理系统--------
ID      姓名      用户名      密码      权限      成绩
3       小明      xiaoming    123456    3         99.0
ID      姓名      用户名      密码      权限      成绩
7       小贝      xiaobei     123456    3         97.0
ID      姓名      用户名      密码      权限      成绩
8       小美      xiaomei     123456    3         0.0
ID      姓名      用户名      密码      权限      成绩
13      晓云      xiaoyun     123456    3         99.0
输入要修改的学生的id：8
要修改为的学生成绩：90
修改成功
            --------学生成绩管理系统--------
ID      姓名      用户名      密码      权限      成绩
3       小明      xiaoming    123456    3         99.0
ID      姓名      用户名      密码      权限      成绩
7       小贝      xiaobei     123456    3         97.0
ID      姓名      用户名      密码      权限      成绩
8       小美      xiaomei     123456    3         90.0
ID      姓名      用户名      密码      权限      成绩
13      晓云      xiaoyun     123456    3         99.0
可操作项：1.查询学生信息2.增加学生3.删除学生4.修改学生信息5.修改学生成绩6.退出系统
```

图 6-17　教师修改学生成绩界面

```
******学生成绩管理系统******
账号：zhangsan
密码：123456
登录成功
你是教师
可操作项：1.查询学生信息2.增加学生3.删除学生4.修改学生信息5.修改学生成绩6.退出系统
1
            --------学生成绩管理系统--------
ID      姓名      用户名      密码      权限      成绩
3       小明      xiaoming    123456    3         99.0
ID      姓名      用户名      密码      权限      成绩
7       小贝      xiaobei     123456    3         97.0
ID      姓名      用户名      密码      权限      成绩
8       小美      xiaomei     123456    3         0.0
可操作项：1.查询学生信息2.增加学生3.删除学生4.修改学生信息5.修改学生成绩6.退出系统
```

图 6-18　教师查询学生信息界面

⑬ 学生登录界面　学生权限登录后界面，包括查询和退出选项，如图 6-19 所示。

```
******学生成绩管理系统******
账号：xiaoming
密码：123456
登录成功
你是学生
可操作项：1.查询成绩2.退出系统
```

图 6-19　学生登录界面

⑭ 学生查询成绩界面　学生权限选择 1（查询成绩）功能，显示学生姓名和学生成绩信息，选择菜单项再次输出以待操作，如图 6-20 所示。

⑮ 学生退出系统界面　学生权限选择 2（退出系统）功能，显示退出系统信息，程序停止，如图 6-21 所示。管理员和教师权限的退出功能与学生权限一致。

```
******学生成绩管理系统******
账号：xiaoming
密码：123456
登录成功
你是学生
可操作项：1.查询成绩2.退出系统
1
姓名：小明--成绩：99.0
可操作项：1.查询成绩2.退出系统
```

```
******学生成绩管理系统******
账号：xiaoming
密码：123456
登录成功
你是学生
可操作项：1.查询成绩2.退出系统
2
您已退出学生成绩管理系统
```

图 6-20　学生查询成绩界面　　　　　图 6-21　学生退出系统界面

知识解析

6.2.1　软件系统设计

软件系统设计是设计软件项目的功能模块、层次结构、权限管理等，以及针对软件项目合理设计数据库的结构。

软件系统设计阶段又分为概要设计和详细设计两个步骤。

6.2.2　概要设计

概要设计又称为系统设计，就是设计软件的结构，注重宏观和框架上的设计，包括组成模块、模块的层次结构、模块的调用关系、每个模块的功能、数据库结构及数据关系等，为详细设计提供基础。

编写概要设计的要求：

① 一致性：概要设计要与需求一致。
② 合理性：概要设计提出的设计方法和标准应是合理、恰当的。
③ 可追踪性：概要设计提出的各项要求应对应需求方的明确需求。
④ 可行性：根据概要设计进行详细设计、操作和维护是可行的。

6.2.3　详细设计

详细设计主要是微观和框架内的设计。详细设计阶段就是在概要设计的基础上，对软件系统进行详细设计，对每个模块完成的功能进行具体的描述，要把功能描述转变为精确的、结构化的过程描述，涉及主要算法、数据结构、类层次结构和调用关系，以便将软件需求完全分配给整个项目。软件系统相对比较简单、层次较少，可以与概要设计合并设计。

详细设计的要求：

① 一致性：详细设计要与概要一致。
② 合理性：详细设计提出的设计方法和标准应是合理、恰当的。
③ 可追踪性：详细设计提出的各项要求应对应需求方的明确需求。
④ 可行性：根据详细设计进行编码、测试、操作和维护是可行的。

任务 6.3　学习成绩管理系统测试

任务分析

对学生成绩管理系统的功能模块进行测试，检测功能是否符合需求，检测软件程序是否符合设计要求和技术要求，软件程序是否在预期中工作良好。以白盒测试为例，编写测试用例测试学生成绩管理系统删除功能的正确性。

任务实施

在任务实施过程中，首先导入 junit 包，然后编写测试用例，最后运行测试用例。在任务实施过程中注意测试用例的编写与修改。

（1）导入 junit 包

在"https://sourceforge.net/projects/junit/files/latest/download"官网中下载 JUnit 最新版本。在"File"菜单中选择"Properties"命令，如图 6-22 所示，打开"Properties for students"对话框，在"Java Build Path"选项中选择"Libraries"选项卡，单击"Add External JARs... "按钮，如图 6-23 所示，在打开的"选择"对话框中选择下载的 JUnit 的 jar 文件，单击"打开"，即引入了 junit 外部包。

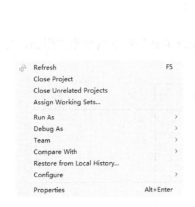

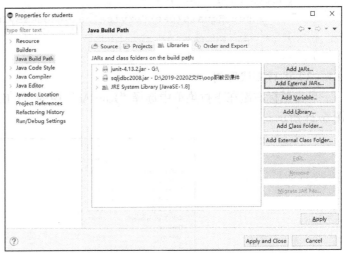

图 6-22　在"File"中选择　　　　　　　图 6-23　导入 JUnit 环境
　　　　"Properties"命令

（2）编写测试用例

在 index 包内，新建 MainTest.java 测试用例继承至 TestCase 类。

```
package com.nyjj.index;
import static org.junit.Assert.*;
import org.junit.After;
import org.junit.Before;
```

```java
import org.junit.Test;
import com.nyjj.service.UserService;
import com.nyjj.service.UserServiceImpl;
import junit.framework.TestCase;
public class MainTest  extends TestCase{
private UserService userService =null;
User user=new User();
@Before
public void setUp() throws Exception {
    super.setUp();
    userService=new UserServiceImpl();
}
@After
public void tearDown() throws Exception {
    super.tearDown();
}
@Test
public void testMain() {
//      fail("Not yet implemented");
}
public void test() {
    assertEquals(userService.deleteUserById(13), true);
}
}
```

（3）运行测试用例

单击鼠标右键在下拉菜单中选择 "Run As" 中的 "1 JUnit Test" 命令执行测试用例，如图 6-24 所示。

图 6-24　在 "Run As" 中选择 "1 JUnit Test" 命令

（4）查看测试结果

在"JUnit"窗口中查看测试结果，测试通过界面，如图 6-25 所示。若测试出错，出错位置会给予提示，如图 6-26 所示。

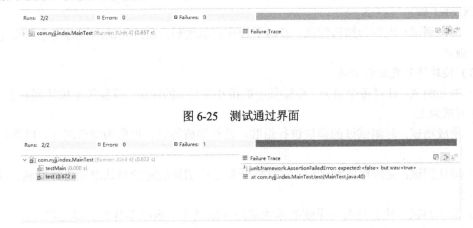

图 6-25 测试通过界面

图 6-26 测试出错界面

 代码说明

```
public class MainTest extends TestCase{ }
```
TestCase 是 JUnit 的核心之一测试用例类，是 JUnit 框架工作的基础。

```
@Before
public void setUp() throws Exception{ }
```
@Before 注解是会在每一个测试方法被运行前执行一次，MainTest 中将 UserService 类对象的实例化操作放在 setUp()方法中，在测试方法被运行前执行。

```
@After
```
@After 注解是会在每一个测试方法运行后被执行一次。

```
assertEquals(userService.deleteUserById(13),true);
```
assertEquals()为断言式比较方法，比较参数内两个对象的值是否一致，如是常规数据类型则进行等值判断，如是引用数据类型（包括对象、数组等）则进行引用地址等值判断，如果两者一致，程序继续运行，如果不一致则抛出异常信息。

知识解析

6.3.1 软件测试

软件测试是以评价一个程序或者系统属性为目标的任何一种活动。测试是对软件质量的度量，可以理解为是与软件开发相辅相成的一个必要环节，在软件发布或交付前对软件开发的各阶段进行最终检查的行为，是保证软件开发产品符合产品需求的正确性、完全性和一致性，保障产品质量，修正软件错误的过程。

6.3.2 软件测试的方法

（1）按执行代码分类

① 静态测试：不运行软件，对软件的编程格式、结构等方面进行评估。

② 动态测试：运行软件，通过测试用例，对其运行情况及输入和输出对应关系进行分析。

（2）按软件内部结构和具体实现分类

① 黑盒测试：也称为功能测试，着眼于程序外部结构，不考虑内部逻辑，主要针对软件界面和软件工作进行测试。

② 白盒测试：也称为结构测试，着眼于程序内部逻辑，通过测试用例对程序所有逻辑路径进行测试。

（3）按软件开发过程分类

① 单元测试：针对每个单元（检验程序的最小单位）的测试，确保每个模块能正常工作。以白盒测试为主。

② 集成测试：对测试过的模块进行组装，进行集成测试，也称为综合测试。以黑盒测试为主。

③ 确认测试：完成集成测试后，对软件开发工作初期制定的确认准则进行检验。以黑盒测试为主。

④ 系统测试：检验是否与系统的其他部分（如硬件、数据库等）协调工作。

⑤ 验收测试：以用户为主的测试，由用户与开发人员、QA（质量保证）人员共同设计测试用例、使用软件进行分析测试。多使用业务中的实际数据进行测试。

6.3.3　软件测试的流程

（1）制订测试计划

确定各测试阶段的目标和策略。这个过程将输出测试计划，明确要完成的测试活动，评估完成活动所需要的时间和资源，设计测试组织和岗位职权，进行活动安排和资源分配，安排跟踪和控制测试过程的活动。

（2）完善测试设计

根据测试计划设计测试方案。测试设计过程输出的是各测试阶段使用的测试用例。测试设计也与软件开发活动同步进行，其结果可以作为各阶段测试计划的附件提交评审。测试设计的另一项内容是回归测试设计，即确定回归测试的用例集。对于测试用例的修订部分，也要求进行重新评审。

（3）编写测试用例

使用测试用例运行程序，将获得的运行结果与预期结果进行比较和分析，记录、跟踪和管理软件缺陷，最终得到测试报告。

（4）编写测试文档

测试文档包括测试说明、用例说明、测试评价、测试日志、结果汇总、测试总结报告等。

任务拓展

编写"增加学生"功能的测试用例，根据测试结果，编写测试心得。

学习笔记：

举一反三

针对项目教师权限的相关功能，编写测试计划、开发测试用例与开发过程同步对各个模块功能进行白盒测试。（根据理解，写出软件测试心得）

任务 6.4　学生成绩管理系统打包

任务分析

Java 应用程序项目包括大量类、系统类库、配置信息、素材资源等文件，项目完成后要到相关的应用环境下运行，所以要对项目进行部署和发布。为了提升项目的安全性、压缩性、扩展性、可移植性等，需要将程序所需的相关文件进行打包，打包成一个 jar 文件，就可以进行更方便的应用和管理。将学生成绩管理系统打包，形成一个 jar 文件执行。

任务实施

使用 Eclipse 工具进行项目打包，具体实施过程如下所述，在操作过程中注意打包的注意事项。

① 在"File"菜单中选择"Export"命令，打开"Export"对话框，如图 6-27 所示。

② 在"Export"对话框中选择"Java"→"JAR file"选项，单击"Next"按钮，打开"JAR Export"对话框，如图 6-28 所示。

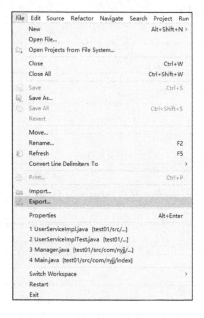

图 6-27　在"File"菜单中执行"Export"命令　　图 6-28　在"Java"中选择"JAR file"选项

③ 在"JAR Export"对话框中选择要打包的项目名"students"，保持默认选项，在"JAR file"输入框中选择打包文件存储路径，并输入 jar 文件名，单击"Finish"按钮，再设置好路径就会生成"Students.jar"文件，双击执行打包后的文件，在环境变量正确配置的前提下，项目能正常运行，证明打包成功，如图 6-29 所示。

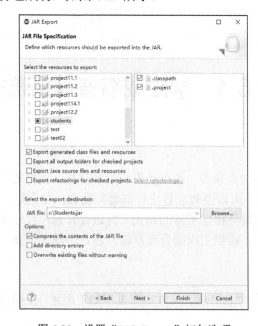

图 6-29　设置"JAR Export"打包选项

知识解析

6.4.1 jar 文件

Java 语言中的归档文件，以 ZIP 格式构建，以.jar 为文件扩展名。jar 文件不仅用于压缩和发布，而且还用于部署和封装库、组件和插件程序，并可被像编译器和 JVM 这样的工具直接使用。

6.4.2 jar 文件的特点

① 安全性：可以对 jar 文件内容加上数字化签名。

② 压缩：jar 格式允许压缩文件以提高存储效率。

③ 传输平台扩展：Java 扩展框架（Java Extensions Framework）提供了向 Java 核心平台添加功能的方法。

④ 包密封：包中所有类都由同一 jar 文件进行密封，以增强版本的一致性和安全性。

⑤ 包版本控制：jar 文件可以包含文件的数据，如厂商和版本信息。

⑥ 可移植性：处理 jar 文件的机制是 Java 平台核心 API。

参考文献

［1］迟勇. Java 语言程序设计［M］. 4 版. 大连：大连理工大学出版社，2021.

［2］徐红. Java 程序设计［M］. 2 版. 北京：高等教育出版社，2019.

［3］康伟. Java 语言程序设计［M］. 2 版. 北京：北京出版社，2014.

［4］千锋教育高教产品研发部. Java 语言程序设计［M］. 2 版. 北京：清华大学出版社，2020.

［5］徐义晗. Java 语言程序设计［M］. 北京：高等教育出版社，2019.

［6］孙莉娜. Java 语言程序设计［M］. 北京：清华大学出版社，2015.